ISW 1

Berichte aus dem Institut für Steuerungstechnik
der Werkzeugmaschinen und Fertigungseinrichtungen
der Universität Stuttgart

Herausgegeben von Prof. Dr.-Ing. G. Stute

D. Schmid

Numerische Bahnsteuerung

Beitrag zur Informationsverarbeitung
und Lageregelung

Springer-Verlag
Berlin · Heidelberg · New York 1972

Mit 44 Abbildungen

ISBN 978-3-540-05834-2   ISBN 978-3-642-52172-0 (eBook)
DOI 10.1007/978-3-642-52172-0

Library of Congress Catalog Card Number 72-79060

Vorwort des Herausgebers

Das Institut für Steuerungstechnik der Werkzeugmaschinen und Fertigungseinrichtungen der Universität Stuttgart befaßt sich mit den neuen Entwicklungen der Werkzeugmaschine und anderen Fertigungseinrichtungen, die insbesondere durch den erhöhten Anteil der Steuerungstechnik an den Gesamtanlagen gekennzeichnet sind. Dabei stehen die numerisch gesteuerte Werkzeugmaschine in Programmierung, Steuerung, Konstruktion und Arbeitseinsatz sowie die vermehrte Verwendung des Digitalrechners in Konstruktion und Fertigung im Vordergrund des Interesses.

Im Rahmen dieser Buchreihe sollen in zwangloser Folge drei bis fünf Berichte pro Jahr erscheinen, in welchen über einzelne Forschungsarbeiten berichtet wird. Vorzugsweise kommen hierbei Forschungsergebnisse, Dissertationen, Vorlesungsmanuskripte und Seminarausarbeitungen zur Veröffentlichung.

Diese Berichte sollen dem in der Praxis stehenden Ingenieur zur Weiterbildung dienen und helfen, Aufgaben auf diesem Gebiet der Steuerungstechnik zu lösen. Der Studierende kann mit diesen Berichten sein Wissen vertiefen.

Unter dem Gesichtspunkt einer schnellen und kostengünstigen Drucklegung wird auf besondere Ausstattung verzichtet und die Buchreihe im Fotodruck hergestellt.

Der Herausgeber dankt dem Springer-Verlag für Hinweise zur äußeren Gestaltung und Übernahme des Buchvertriebs.

Stuttgart, im Februar 1972

Gottfried Stute

Vorwort

Die vorliegende Arbeit entstand während meiner Tätigkeit als wissenschaftlicher Mitarbeiter und wissenschaftlicher Assistent am Institut für Steuerungstechnik der Werkzeugmaschinen und Fertigungseinrichtungen der Universität Stuttgart.

Herrn Professor Dr.-Ing. G. Stute, dem Direktor des Institutes, danke ich für seine wohlwollende Unterstützung und das große Interesse, das er dieser Arbeit entgegenbrachte.

Mein Dank gilt auch Herrn Dr.-Ing. habil. H. Unbehauen und Herrn Dr.-Ing. A. Storr für die eingehende Durchsicht der Arbeit und den sich daraus ergebenden Hinweisen und Anregungen.

Ebenso möchte ich allen Mitarbeitern des Institutes herzlich danken, die mich bei der Anfertigung der Arbeit unterstützten.

Dietmar Schmid

INHALTSÜBERSICHT

	Seite
Schrifttum	6
Zeichenerklärung	11
1. EINFÜHRUNG UND PROBLEMSTELLUNG	14
2. DIE DIGITAL-/ANALOGE INFORMATIONSVERARBEITUNG BEI DER NUMERISCHEN BAHNSTEUERUNG	17
2.1. Die numerische Bahnsteuerung als Abtaststeuerung	18
2.1.1. Folgerungen bezüglich der Programmierung	21
2.1.2. Folgerungen hinsichtlich des Aufbaues der numerischen Bahnsteuerung	23
2.2. Anforderungen an die Lageregelkreise	29
3. OPTIMIERUNG DER LAGEREGELKREISE	33
3.1. Die grundsätzlichen Eigenschaften des Lageregelkreises	33
3.1.1. Der Lageregelkreis mit idealem Antrieb	35
3.1.2. Der Antrieb als Verzögerungsglied 1.Ordnung	36
3.2. Wahl des Optimierkriteriums	39
3.2.1. Bestimmung der Laufzeit und der Testfunktion	43
3.3. Die Optimierung einfacher Lageregelkreise	48
3.3.1. Der Antrieb als Verzögerungsglied 1.Ordnung	49
3.3.2. Der Antrieb als Schwingungsglied	52
3.3.3. Der Antrieb als Verzögerungsglied höherer Ordnung	59
3.4. Die Berechnung der Vergleichsregelfläche im Zeitbereich	65
3.5. Die Berechnung der Vergleichsregelfläche im Frequenzbereich	67
3.5.1. Herleitung der allgemeinen Lösung	68

4. BAHNVERZERRUNGEN 74

    4.1. Wahl der Testbahn 75

    4.2. Die Bewertung linearer Bahnverzerrungen 80

    4.3. Die Ermittlung der Bahnverzerrungen 82

    4.4. Die Bahnverzerrungen in Abhängigkeit der Lage- 84
        regelkreisdimensionierung

5. ZUSAMMENFASSUNG 89

SCHRIFTTUM

[1] Stute, G.:   Stand und Entwicklungstendenzen der numerischen Steuerung von Werkzeugmaschinen.
ETZ-B 21 (1969) 12, S.263,...27o.

[2] Dutcher, J.I.:   Maschinengestaltung und Regelantrieb für numerische Steuerungen.
GET 321o.2 Int. General Electric GmbH, Frankfurt
(Erscheinungsjahr unbekannt)

[3] Vigour, H.E.:   Effect of servomechanism characteristics on accuracy of contouring around a corner.
Trans. Amer. Inst. Electr.& Electronics-Eng. (II) (Applic.& Ind.) 82 (1963) 66, S.12o...124.

[4] Stute, G. u. Nann, R.:   DNC- Rechnerdirektsteuerung von Werkzeugmaschinen.
wt-Z.f.industr.Fert.(1971) Heft 2, S. 69...74.

[5] Friedrich, C. u. Götz, E.:   NC-CNC-DNC, Rechnereinsatz in der NC-Technik.
steuerungstechnik 3.Jg.(197o) Heft 8, S. 254...258.

[6] Kaufmann, H.:   Dynamische Vorgänge in linearen Systemen der Nachrichten- und Regelungstechnik.
R. Oldenbourg Verlag, München (1959).

[7] Arp, F.:   Ein verallgemeinertes Abtasttheorem
                          und seine Existenzgrenzen
                          A.E.Ü. 22 (1968) Heft 9, S.427...438.

[8] Ragazzini, J.R. u. Sampled-Data Control Systems.
      Franklin, G.F.:   McGraw-Hill Book Comp., Inc.,New York,
                          Toronto, London (1958).

[9] Schmid, D.:   Interpolation bei numerischen Bahn-
                          steuerungen.
                          steuerungstechnik 2.Jg.(1969) Nr.9,
                          S.342...349.

[1o] Stute, G.:   Entwicklungstendenzen bei numerisch
                          gesteuerten Werkzeugmaschinen.
                          TZ f.prakt.Metallbearbeitung 62.Jg.
                          (1968) Heft 11, S. 669...673.

[11] Stute, G. u.   Typische Konturfehler bei der Werk-
      Schmid, D.:   stückbearbeitung mit numerischen
                          Bahnsteuerungen.
                          Annals of the C.I.R.P. Vol.XVIII
                          (197o), S.531...54o.

[12] Küpfmüller, K.:   Die Systemtheorie der elektrischen
                          Nachrichtenübertragung.
                          S. Hirzel Verlag Stuttgart (1968).

[13] Augsten, G. u.   Einfluß von Spiel und Reibung auf
      Schmid, D.:   die Konturfehler bahngesteuerter
                          Werkzeugmaschinen.
                          steuerungstechnik 2.Jg.(1969) Heft 3,
                          S. 1o3...1o8.

[14] Jorden, W.: Untersuchungen an einem Lageregelkreis für Werkzeugmaschinen unter besonderer Berücksichtigung des Spiels. VDI Fortschrittsberichte, Reihe 2, Nr. 2o (1969).

[15] Oppelt, W.: Kleines Handbuch technischer Regelvorgänge. Verlag Chemie, Weinheim/Bergstr. (1967).

[16] Drenick, R.F.: Die Optimierung linearer Regelsysteme. R. Oldenbourg Verlag, München, Wien (1967).

[17] Pemberton, T.J.: Simplified Method for Evaluating ISE and ITSE Performance Criteria. Control Engineer (197o) Heft 4, S. 89...91.

[18] Unbehauen, H.: Stabilität und Regelgüte linearer und nichtlinearer Regler in einschleifigen Regelkreisen bei verschiedenen Streckentypen mit P- und I-Verhalten. Fortschr.-Ber., VDI-Z. Reihe 8, Nr. 13 (197o), VDI-Verlag GmbH., Düsseldorf.

[19] Eveleigh, V.W.: Adaptive Control and Optimization Techniques. McGraw Hill Book Company, New York (1967).

[20] Saljé, E.:   Elemente der spanenden Werkzeug-
                            maschinen.
                            Carl Hanser Verlag, München (1967).

[21] Doetsch, G.:   Anleitung zum praktischen Gebrauch
                            der Laplce-Transformation und der
                            Z-Transformation.
                            R. Oldenbourg Verlag, München, Wien
                            (1967).

[22] Unbehauen, R.:   Systemtheorie.
                            R. Oldenbourg Verlag, München, Wien
                            (1969).

[23] Smirnow, W.I.:   Lehrgang der höheren Mathematik
                            Teil III/2.
                            VEB Deutscher Verlag der Wissenschaf-
                            ten, Berlin (1967).

[24] Knopp, K.:   Funktionentheorie I.
                            Sammlung Göschen Bd. 668 (1961).

[25] —   Nicht veröffentlichte Diplom- und
                            Studienarbeiten der Herren Ammes-
                            dörfer, Böhm, Laich, Schab.
                            Institut für Steuerungstechnik der
                            Werkzeugmaschinen und Fertigungsein-
                            richtungen der Universität Stuttgart.

[26] —   Nicht veröffentlichte Diplom- und
                            Studienarbeiten der Herren Hofmann,
                            Speier, Wohak.
                            Institut für Steuerungstechnik der
                            Werkzeugmaschinen und Fertigungsein-
                            richtungen der Universität Stuttgart.

<u>**Verwendete   DIN-Normen :**</u>

DIN 1311 Blatt 2	Juni 1955	Schwingungslehre
DIN 1311 Blatt 3	Sept.1961	Schwingungslehre
DIN 1319	Dez. 1968	Grundbegriffe der Meßtechnik
DIN 5487	Nov. 1967	Fourier-Transformation Laplace-Tranformation
DIN 5488	Jan. 1969	Zeitabhängige Größen Benennung der Zeitabhängigkeit
DIN 19226	Mai 1968	Regelungstechnik Steuerungstechnik
DIN 4760	Juli 1960	Begriffe für die Gestalt von Ober- flächen
DIN 7182	Entwurf Juli 1970	Toleranzen und Passungen Grundbegriffe
DIN 7184	Entwurf Juli 1970	Form- und Lageabweichungen Begriffe

Zeichenerklärung

Indizes und Abkürzungen

a	Regelabweichung; Abtastfrequenz
an	Anstiegszeit
av	Vergleichsregelabweichung
e	Ecken...
g	Grenz...
i	Istwert
m	Zählvariable
max	maximal
n	Zählvariable
oL	offener Lageregelkreis
opt	optimal
r	rechtwinklig
s	Sollwert
sv	Vergleichssollwert
ü	Überschwing...
v	Geschwindigkeit
w	...in der Winkelhalbierenden gemessen
x	x-Richtung
y	y-Richtung
z	z-Richtung
A	Antrieb
B	Bahn
DDA	digitaler Integrator (Digital Differential Analyser)
Hal	Halteglied
IAEV	betragslineare Vergleichsregelfläche
ISE	quadratische Regelfläche
ISEV	quadratische Vergleichsregelfläche
ITAE	zeitbeschwerte betragslineare Regelfläche
ITSE	zeitbeschwerte quadratische Regelfläche
L	Lageregelkreis

Lin	Linearinterpolator
P	Punkt
Pol	Polygon-Approximation
α	Eckenwinkel
υ	Zählvariable
$\sqcap$	Sprungfunktion
$\diagup$	Anstiegsfunktion

Formelzeichen

a	Koeffizient eines Polynoms; Faktor für die Zeitraffung
b	Koeffizient eines Polynoms
c	Koeffizient eines Polynoms
f	Frequenz; Funktion von...
j	imaginäre Einheit $j^2 = -1$
k	Verstärkungsfaktor
p	komplexe Variable ($p = \sigma + j\omega$)
s	Weg; Sprungfunktion
t	Zeit
t_1	Laufzeit
t_o	Gruppenlaufzeit
v	Geschwindigkeit
w	Bezugsgröße für die Sprungfunktion und Anstiegsfunktion
x, x^*	Lagewert, diskretisierter Lagewert in x-Richtung
y, y^*	Lagewert, diskretisierter Lagewert in y-Richtung
z, z^*	Lagewert, diskretisierter Lagewert in z-Richtung
A	Abweichung; Abmaß
C	Federzahl
D	Dämpfungsgrad eines Schwingers
F	Frequenzgang; Übertragungsfunktion; Laplace- oder Fourier-Transformierte von f
I	Integral
$\bar{I}, \bar{\bar{I}}$	Teilintegrale
N	Polynom
R	Radius
T	Zeitkonstante
X, X^*	Laplace- oder Fourier-Transformierte von x, x^*
Z	Polynom
α	Eckenwinkel
Δ	Differenz
φ	Phasenwinkel
ν	Zählvariable
$\omega, \bar{\omega}$	Kreisfrequenz
$\omega_{o,1}$	Kennkreisfrequenz

1. EINFÜHRUNG UND PROBLEMSTELLUNG

Die Weiterentwicklung der modernen Fertigungstechnik, insbesondere bei der Kleinserien- und Einzelfertigung, wird seit
Jahren durch die numerisch gesteuerte Werkzeugmaschine geprägt.
Dabei nimmt der Anteil numerischer Bahnsteuerungen stark zu.
Das Einsatzgebiet ist vielfältiger geworden. Außer Drehmaschi-
nen und Fräsmaschinen werden heute auch z.B. Nibbel-, Brenn-
schneide-, Funkenerosions- und Zeichenmaschinen bahngesteuert [1].

Aufgabe der numerischen Bahnsteuerung bei Werkzeugmaschinen
ist es, das Werkzeug relativ zum Werkstück längs numerisch be-
schriebener Bahnen unter Einhaltung einer bestimmten Geschwindigkeit zu bewegen. Die Werkzeugbahn entsteht durch simultanes
Verfahren der einzelnen Maschinenschlitten. Im allgemeinen werden zwei oder drei Maschinenschlitten, welche in einem ortho-
gonalen Koordinatensystem angeordnet sind, mit je einem Lageregelkreis, den in der numerischen Steuerung berechneten Lage-
sollwerten nachgeführt (Bild 1/1).

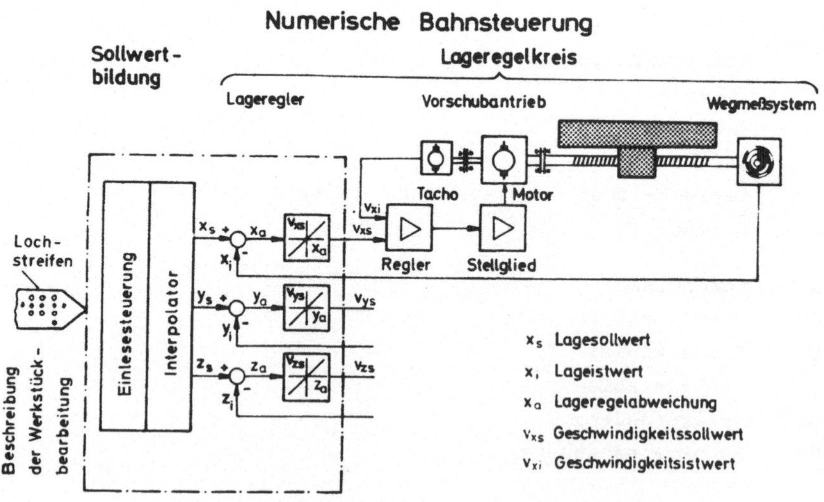

Bild 1/1   Signalflußplan für die Bahnsteuerung einer
            Werkzeugmaschine

Die einzelnen Lageregelkreise sind völlig entkoppelt, d.h.
ein Fehler oder eine Störung der Bewegung einer Maschinenachse
beeinflußt die Bewegung der übrigen Maschinenschlitten nicht.
Ein Lageregelkreis setzt sich aus dem Vorschubantrieb für die
Bewegung des Maschinenschlittens, dem Wegmeßsystem und einem
Lageregler zusammen. Der Vorschubantrieb selbst enthält stets
einen Geschwindigkeits- bzw. Drehzahlregelkreis für den Motor.

Die Lagesollwertbildung geschieht im Interpolator, indem dort
von einem Anfangspunkt ausgehend fortlaufend bis zu einem Zielpunkt hin Bahnzwischenpunkte berechnet werden. Anfangspunkt,
Zielpunkt und gegebenenfalls ein Bahnhilfspunkt sowie die Bahngeschwindigkeit werden der Steuerung eingegeben. Der Datenträ-
ger ist zumeist ein Lochstreifen.

An die Werkzeugmaschine mit numerischer Bahnsteuerung sind
einerseits sehr hohe Anforderungen hinsichtlich der Auslegung
der Lageregelkreise zu stellen, da hiervon wesentlich die Be-
arbeitungsgenauigkeit am Werkstück abhängig ist. Auf der anderen Seite muß der Benutzer einer bahngesteuerten Werkzeugmaschine die maximale Informationsmenge, die je Zeiteinheit ver-
arbeitbar ist, abschätzen können. Eine Begrenzung ist durch die
dynamischen Eigenschaften der Werkzeugmaschine, insbesondere
durch die Lageregelkreise gegeben.

Die Lageregelkreisdimensionierung stützt sich im wesentlichen
auf Erfahrungswerte, wie sie z.B. in [2] angegeben sind.
Dies verwundert nicht, da die in der Regelungstechnik meist
angewandten Optimierrechnungen hierbei oft nicht zu befrie-
digenden Lösungen führen.

Über den Einfluß der Lageregelkreisparameter auf die Bahnverzerrungen ist nur wenig bekannt [3] , insbesondere fehlt eine
vergleichende Betrachtung zwischen der Lageregelkreisbewertung

durch ein Optimierkriterium und den zu erwartenden Bahnabweichungen.

Seit einigen Jahren werden die Werkzeugmaschinen für immer
höhere Bahngeschwindigkeiten ausgelegt. Bis vor kurzem waren
die maximalen Verfahrgeschwindigkeiten der Maschinenschlitten
im bahngesteuerten Betrieb etwa 1m/min. Heute wird für Fräsmaschinen vielfach eine Bahngeschwindigkeit von über 1o m/min
verlangt. Durch die hohen Bahngeschwindigkeiten bedingt, tritt
neuerdings oft die Frage auf, welcher Abstand bei den zu pro-
grammierenden Bahnpunkten hinreichend ist.

In zunehmendem Maße werden heute Prozeßrechner mit in die
numerisch gesteuerte Fertigung einbezogen. Es stellt sich
damit das Problem der Anpassung der digitalen Ausgabedaten
des Prozeßrechners an die Eigenschaften der Werkzeugmaschine [4] , [5] .

Ziel der vorliegenden Arbeit ist es, die Zusammenhänge zwischen der Auslegung der numerischen Bahnsteuerung und den
Bearbeitungsergebnissen aufzuzeigen. Insbesondere soll versucht werden, geeignete Bewertungskriterien für die zur Bahnsteuerung gehörenden Lageregelkreise zu entwickeln, um Dimen-
sionierungshinweise geben zu können, beziehungsweise um die
in der Praxis vorhandenen Erfahrungswerte zu untermauern.
Ferner sollen die Erfordernisse hinsichtlich der Dateinein-
gabe, vorallem bei direkter Prozeßrechnersteuerung untersucht
werden.

2. DIE DIGITAL-/ANALOGE INFORMATIONSVERARBEITUNG BEI DER NUMERISCHEN BAHNSTEUERUNG

Durch die Eingabeinformation für die numerische Steuerung
wird eine Folge einzelner Bahnstützpunkte P_1, P_2 ... P_n
(Bild 2/1) beziehungsweise Bahnabschnitte beschrieben.
Diese Eingabeinformation in Form diskreter Werte wird dis-
kontinuierlich der numerischen Steuerung übergeben. Hingegen erwartet man eine kontinuierliche Werkstückbearbeitung
mit gleichförmiger Bahngeschwindigkeit.

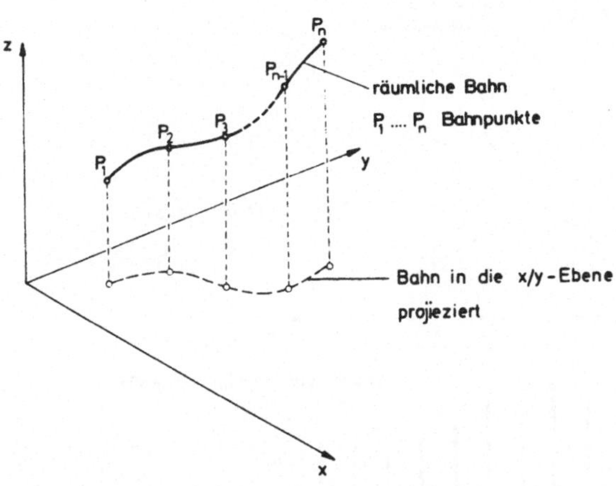

Bild 2/1   Räumliche Werkstückbahn mit einzelnen
Bahnstützpunkten

Von dem Interpolator der numerischen Bahnsteuerung werden
fortlaufend Bahnzwischenpunkte längs der Bahn zwischen zwei
der eingegebenen Bahnstützpunkten berechnet. Die Koordinatenwerte dieser Bahnzwischenpunkte sind im allgemeinen in
Form digitaler Werte die Führungsgrößen für die Lageregelkreise und werden als Lagesollwerte an diese ausgegeben.

Die Informationsverarbeitung geschieht also durch die numerische Bahnsteuerung zunächst in digitaler Form. Bei der Werkstückbearbeitung mit kontinuierlichen Maschinenschlittenbewe-
gungen liegt eine analoge Informationsverarbeitung vor. Es
ist notwendig, die beiden Systeme gegenseitig anzupassen.

2.1. Die numerische Steuerung als Abtaststeuerung

Die Führungsgrößen für die Position der Werkzeugmaschinenschlit-
ten $x_s^*(\nu \cdot \Delta t)$, $y_s^*(\nu \cdot \Delta t)$, $z_s^*(\nu \cdot \Delta t)$ sind gegeben durch die Ab-
tastwerte der stetigen Funktionen $x_s(t)$, $y_s(t)$, $z_s(t)$ zum Zeit-
punkt $t = \nu \cdot \Delta t$, welche die Werkzeugbahn in Abhängigkeit von
der Zeit t beschreiben (Bild 2/2).

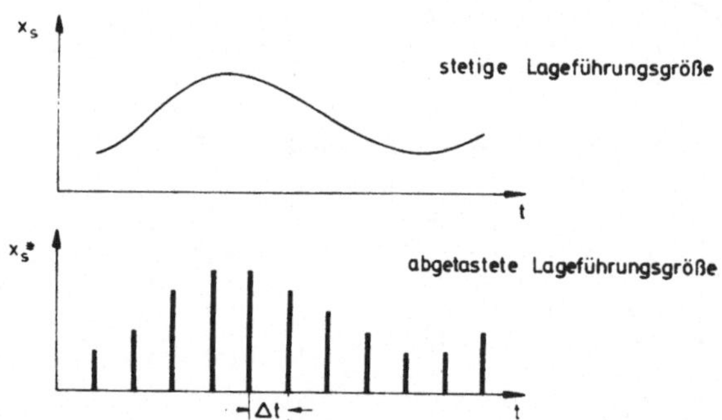

Bild 2/2: Stetige und abgetastete Lageführungsgröße

Macht man das Abtastintervall Δt genügend klein, so ist die
Antwort der Lageregelkreise auf die abgetasteten Führungsgrös-
sen annähernd die gleiche wie bei stetiger Führung der Lageregelkreise.

Eine Aussage über die Größe des Abtastintervalls und damit
auch über die Dimensionierung der Übertragungsglieder wie
auch über die Anforderungen, die man an die numerische Steuerung von der Programmierung her stellen darf, liefert das Abtasttheorem nach Shannon [6],[7],[8].

Das Abtasttheorem besagt: wenn die in einem Signal x_s (t) ent-
haltenen Frequenzen auf ein Frequenzband mit der Breite $0\ldots\omega_g$
beschränkt sind, so genügt es, x_s (t) in zeitlichen Abständen
$\Delta t \leq \pi/\omega_g$, also mit der Kreisfrequenz $\omega_a = 2\cdot\omega_g$ abzutasten, um aus der abgetasteten Funktion x_s^* (t) die ursprüngli-
che Größe x_s (t) ohne Informationsverlust, also formgetreu
zurückgewinnen zu können.

Vergleicht man das Frequenzspektrum $\left|X_s^*(j\omega)\right|$ einer abgetaste-
ten Zeitfunktion x_s^* (t) mit dem Frequenzspektrum $\left|X_s(j\omega)\right|$
der Originalfunktion x_s (t) (<u>Bild 2/3</u>), so unterscheiden sich
die Spektren lediglich darin, daß sich das Frequenzspektrum
der abgetasteten Funktion periodisch mit der Abtastfrequenz
ω_a wiederholt.

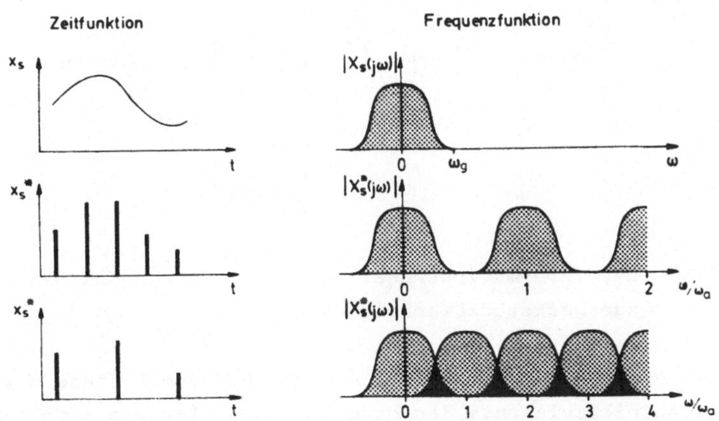

Bild 2/3   Zusammenhang zwischen Zeitfunktion und Frequenz-
            funktion bei stetiger und abgetasteter Zeitfunktion

Um aus der abgetasteten Funktion x_s^* (t) die Originalfunktion
x_s (t) zurückgewinnen zu können, ist ein idealer Tiefpaß mit
der Bandbreite $\omega_a/2$ erforderlich. Ein mit diesem Tiefpaß ge-
filtertes Frequenzspektrum der abgetasteten Funktion entspricht
dann nämlich exakt dem Spektrum der Originalfunktion. Wird das
Abtastintervall dagegen zu groß gewählt (Bild 2/3 unten), also
$\Delta t > \pi / \omega_g$, dann überdecken sich die periodisch wiederkeh-
renden Frequenzspektren. Ein Ausfiltern des ursprünglichen Spek-
trums $|X_s (j\omega)|$ ist nicht mehr möglich. Die Originalfunktion
x_s (t) kann nicht mehr exakt zurückgewonnen werden.

In dem Informationskanal zwischen der Eingabe der Werkstück-
geometrie in die numerische Steuerung und der Werkstückbearbeitung (<u>Bild 2/4</u>) sind die Lageregelkreise diejenigen Übertragungsglieder mit der kleinsten Bandbreite.

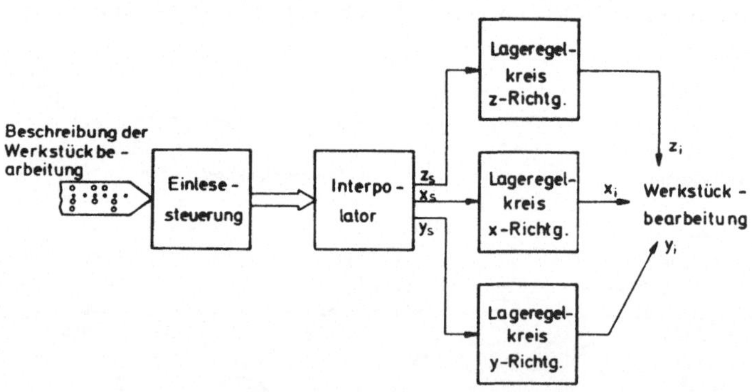

Bild 2/4   Der Informationskanal von der Dateneingabe bis
            zur Werkstückbearbeitung

Bedingt durch begrenzte Antriebsmomente und durch träge Mas-
sen der Antriebselemente der Maschinenschlitten wie auch der

Maschinenschlitten selbst, können von den Lageregelkreisen
nur Wegsignale bis zu einer bestimmten Grenzfrequenz ω_{gL}
übertragen werden. Diese Grenzfrequenzfrequenz eines Lageregelkreises wird, wie in Abschnitt 3.1.1. gezeigt, im wesentlichen durch die sogenannte Geschwindigkeitsverstärkung k_v [+)]
bestimmt. Näherungsweise gilt $\omega_{gL} \approx k_v$.

Aus dem Abtasttheorem und der begrenzten **Bandbreite** der Lageregelkreise können nun Bedingungen für die Eingabedaten in die
numerische Steuerung als auch für die numerische Steuerung
selbst abgeleitet werden.

2.1.1. <u>Folgerungen bezüglich der Programmierung</u>

Das Abtasttheorem kann hier umgekehrt mit folgender Aussage
angewandt werden: ist der Übertragungskanal auf die Bandbreite
$0 \ldots \omega_{gL}$ begrenzt, so genügt es, die Eingangssignale mit der
Abtastfrequenz $\omega_a = 2\,\omega_{gL}$ abzutasten.

Setzt man für die Werkstückbearbeitung eine konstante Bahngeschwindigkeit v_B voraus, dann ergibt sich für die Stützpunkt-
weite Δs zweier benachbarter Bahnpunkte ein Abstand von:

$$\Delta s = v_B \cdot \Delta t$$

und mit $\Delta t = 1/2f_{gL} = \pi/\omega_{gL}$ wird

$$\Delta s = \frac{v_B \pi}{\omega_{gL}} \quad .$$

Unabhängig von der Art der Informationsverarbeitung in der numerischen Steuerung wie auch von den Genauigkeitsforderungen,
die man an die Werkstückbearbeitung stellt, kann dieser Stützpunktabstand bei der Programmierung der Werkstückbahn als

---

[+)] Unter der Geschwindigkeitsverstärkung versteht man den
Quotienten aus Sollgeschwindigkeit in einer Achse und der
zugehörigen Lageregelabweichung im stationären Zustand
(siehe Seite 33). Die Einheit der Geschwindigkeitsverstärkung ist : 1/Sekunde.

- 22 -

kleinster sinnvoller Abstand angesehen werden (<u>Bild 2/5</u>).

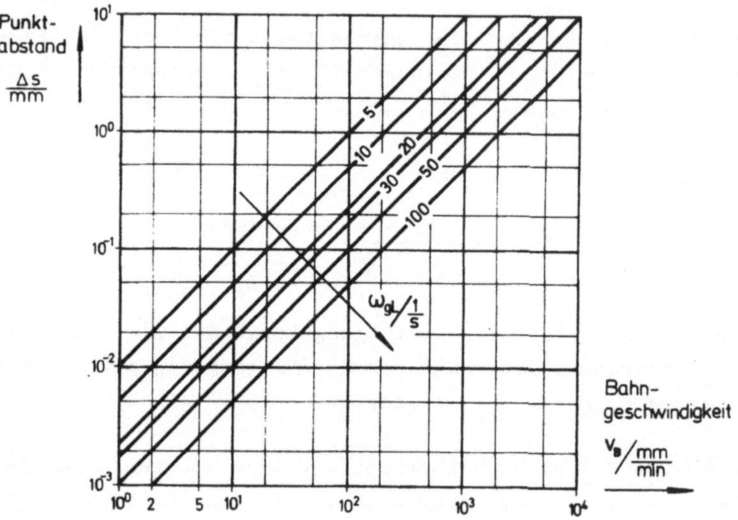

Bild 2/5   Kleinster sinnvoller Stützpunktabstand als Funktion
der Bahngeschwindigkeit

Eine grobe Abschätzung der maximal zulässigen Bahngeschwindigkeit bei einer gekrümmten Bahn gewinnt man durch die Betrachtung einer stationären Kreisbewegung.
Für eine stationäre Kreisbahn gilt:

$$x(t) = R \sin \omega t$$
$$y(t) = R \cos \omega t \qquad , \text{ wo } R \text{ der Kreisradius ist.}$$

Im stationären Fall besteht das zu übertragende Signalspektrum
lediglich aus einer einzigen Spektrallinie an der Stelle ω.
Die größte zulässige Bahngeschwindigkeit erhält man für $\omega = \omega_{gL}$:

$$v_B \lessgtr R \cdot \omega_{gL}$$

Dieser Wert gibt jedoch nur eine Größenordnung an, da die
Einschwingvorgänge bei dieser Betrachtung unberücksichtigt
blieben.

<u>Zusammenfassung</u>

Bei der Programmierung einer Werkstückbahn ist zu beachten,
daß es in Abhängigkeit von der gewählten Bahngeschwindigkeit
und den Lageregelkreiseigenschaften einen kleinsten noch sinn-
voll programmierbaren Stützpunktabstand (Bild 2/5) gibt.

2.1.2. <u>Folgerungen hinsichtlich des Aufbaues numerischer
Bahnsteuerungen</u>

Die Berechnung der Lagesollwerte für die einzelnen Maschinenschlitten geschieht bei den meisten numerischen Bahnsteuerungen mit digitalen Integratoren (DDA)[+]. Mit diesen Integratoren
werden fortlaufend die Koordinatenwerte einer dichten Folge von
Bahnzwischenpunkten berechnet. Diese Bahnzwischenpunkte liegen
je nach Interpolationsart (Linear-, Zirkular-, Parabelinterpo-
lation) auf einem geradlinigen, kreisförmigen oder parabelför-
migen Bahnabschnitt. Anfangs- und Endpunkt eines jeden Bahnab-
schnittes sind die programmierten Bahnstützpunkte. Die Anzahl
der im Interpolator berechneten Bahnzwischenpunkte richtet sich
unabhängig von der programmierten Bahngeschwindigkeit lediglich
nach der Schrittweite der digitalen Integratoren. Diese Schrittweite wird stets kleiner gewählt als der Wegschritt (Wegeinheit)
der Wegmeßsysteme. Es werden soviele Punkte berechnet, daß
sich die Koordinatenwerte zweier aufeinanderfolgender Bahnzwischenpunkte um höchstens einen Wegschritt unterscheiden.
<u>Bild 2/6</u> zeigt eine Folge von Bahnzwischenpunkten, wie sie
von einem Interpolator mit digitalen Integratoren für einen
Viertelkreis berechnet wird [9].

[+] DDA = Abkürzung für <u>D</u>igital <u>D</u>ifferential <u>A</u>nalyser

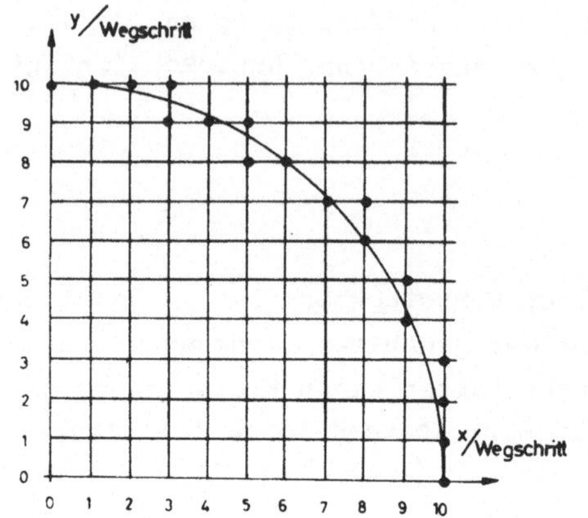

Bild 2/6
Bahnzwischenpunkte
bei der Zirkularinter-
polation eines Vier-
telkreises

Die Abstände der Bahnzwischenpunkte sind bei einem Interpolator mit DDA also vorgegeben. Das Abtasttheorem kann daher
hier im allgemeinen keine Berücksichtigung finden. Würde man
die Abstände der Bahnzwischenpunkte größer als ein Wegschritt
je Koordinatenachse wählen, so wären die möglichen Einsparungen
beim Interpolator unbedeutend, die Interpolationsfehler bei
der Kreisinterpolation wären jedoch unzulässig groß. In jüng-
ster Zeit ist aber bei numerischen Bahnsteuerungen eine Entwick-
lungsrichtung erkennbar, bei welcher entweder jede einzelne
numerische Steuerung einen freiprogrammierbaren Prozeßrechner
enthält (CNC = Computerized Numerical Control) oder aber durch
einen Prozeßrechner mehrere numerische Steuerungen mit Daten
versorgt werden (DNC = Direct Numerical Control) [4] , [5] ,
[10].

Im ersten Fall muß der Prozeßrechner die Interpolation durch-
führen. Im zweiten Fall kann er zur Interpolation herangezogen
werden, um damit eine Vereinfachung der angeschlossenen numerischen Steuerungen zu ermöglichen. Diese können dann als sogenannte Rumpfsteuerungen ausgeführt werden.

Der Prozeßrechner eignet sich jedoch im Gegensatz zu einem Interpolator mit DDA nicht zu einer Interpolation durch Integra-

tion, da seine Rechengeschwindigkeit hierfür zu gering ist.[+)]
Beim Einsatz von Digitalrechnern zur Interpolation ist es
zweckmäßig, die Bahnzwischenpunkte direkt mit Hilfe der
Geraden-, Kreis- oder Parabelgleichung zu berechnen und
dann die Punktabstände so groß wie möglich, nämlich so wie es
vom Abtasttheorem verlangt wird, zu wählen.

Der Anpaßelektronik zwischen Prozeßrechner und Werkzeugmaschine
kommt u.a. nun die Aufgabe zu, das durch den Prozeßrechner bestimmte Abtastsignal durch einen Tiefpaß zu glätten. Die ein-
fachste Art der Glättung geschieht durch ein Halteglied (nullter Ordnung), wie z.B. in [6] beschrieben. Aus der Abtastfunktion wird eine Treppenfunktion (<u>Bild 2/7a</u>).

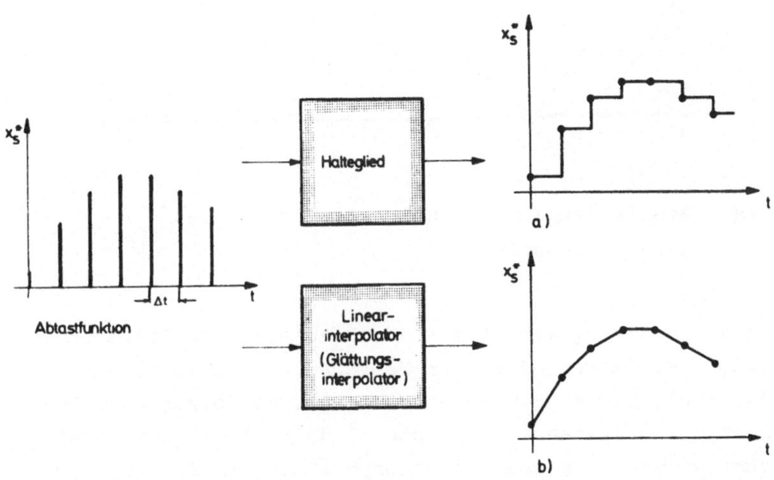

Bild 2/7 a) Glättung durch ein Halteglied (nullter Ordnung)
           b) Glättung durch einen Linearinterpolator

[+)]Bei einer Bahngeschwindigkeit von z.B. 6 m/min = $10^5 \mu$m/s
   und einem Wegschritt von 1μm müssen zur Berechnung der
   Lagesollwerte durch digitale Integration für j e d e gesteuerte Maschinenachse 10^5 Additionen je Sekunde ausgeführt
   werden. Die Interpolation ist jedoch nur eine Teilaufgabe,
   welche dem Prozeßrechner in diesem Fall zukommt.

Der Frequenzgang eines Haltegliedes hat Tiefpaßcharakter.
In **Bild 2/8** ist der Amplitudengang $|F_{Hal}(j\omega)|$ eines Haltegliedes nach Kaufmann [6] aufgetragen. Die weitere Glättung einer solchen Treppenfunktion kann dann z.B. durch den Lageregelkreis erfolgen.

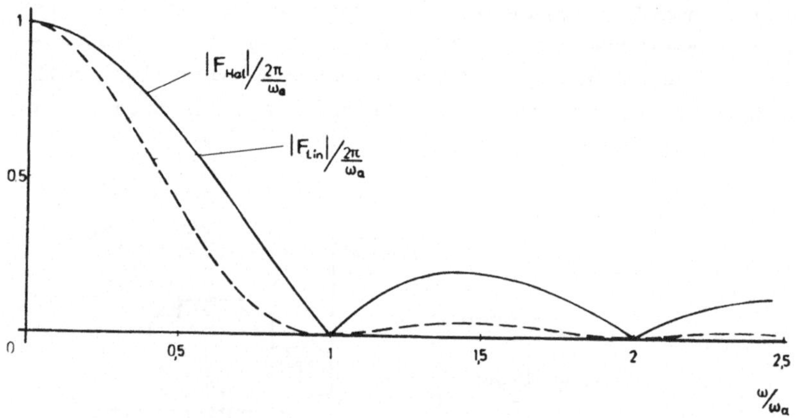

Bild 2/8   Amplitudengang des Haltegliedes und des Linearinterpolators

Eine bessere Glättung erhält man durch zusätzliche Linearinterpolation der im Prozeßrechner berechneten Bahnzwischenpunkte (Bild 2/7b). Dieser Linearinterpolator, im folgenden Glättungsinterpolator genannt, kann sowohl digital als auch analog ausgeführt werden. Die analoge Interpolation ist möglich, da es sich nur um kleine Wegstückchen handelt und hierfür die Genauigkeit der analogen Interpolatoren ausreicht. Bei digitaler Interpolation genügt eine kleine Stellenzahl.

Für einen Glättungsinterpolator zur Linearinterpolation zeit.
lich äquidistanter Bahnzwischenpunkte läßt sich entsprechend dem Halteglied ein Frequenzgang $F_{Lin}(j\omega)$ bestimmen. Vergleicht

man die nachfolgend berechnete Betragsfunktion $|F_{Lin}(j\omega)|$
(Bild 2/8) mit der des Haltegliedes, so wird deutlich, daß
entsprechend der besseren Glättungswirkung des Linearinterpolators die hohen Frequenzen weit besser ausgefiltert werden.

Der Frequenzgang eines Linearinterpolators

Der Linearinterpolator bzw. Glättungsinterpolator erzeugt aus
einer Abtastfunktion einen Polygonzug gemäß Bild 2/7. Die Übertragungsfunktion, welche eine Abtastfunktion in einen zugehörigen Polygonzug überführt, lautet nach [8] :

$$F_{Pol}(p) = \frac{e^{\Delta t p}}{\Delta t p^2} - \frac{2}{\Delta t p^2} + \frac{e^{-\Delta t p}}{\Delta t p^2}$$

Den Frequenzgang $F_{Pol}(j\omega)$ erhält man durch die Substitution
$p = j\omega$. Mit   Einführung der Abtastfrequenz $\omega_a = 2\pi/\Delta t$ ergibt sich:

$$F_{Pol}(j\omega) = \frac{e^{\frac{2\pi}{\omega_a}j\omega} + e^{\frac{-2\pi}{\omega_a}j\omega} - 2}{-\frac{2\pi}{\omega_a}\omega^2}$$

$$= \frac{2\cos\frac{2\pi}{\omega_a}\omega - 2}{-\frac{2\pi}{\omega_a}\cdot\omega^2}$$

oder:

$$\frac{F_{Pol}(j\omega)}{2\pi/\omega_a} = \left[\frac{\sin\pi\omega/\omega_a}{\pi\omega/\omega_a}\right]^2$$

Die Polygon-Approximation durch Linearinterpolation ist jedoch nur dann möglich, wenn zu Beginn eines jeden Interpolationsintervalls bereits die Koordinaten des Endpunktes des betreffenden Geradenstückes bekannt sind. Es ist daher für die Linearinterpolation notwendig, jeden Bahnstützpunkt für eine Zeit $\Delta t = \frac{2\pi}{\omega_a}$ zwischenzuspeichern (puffern). Diese Pufferung bewirkt ein Totzeitverhalten und führt zu einem linearen Phasengang des Linearinterpolators.

Der Frequenzgang des Linearinterpolators $F_{Lin}(j\omega)$ ist somit:

$$\frac{F_{Lin}(j\omega)}{2\pi/\omega_a} = \frac{F_{Pol}(j\omega)}{2\pi/\omega_a} \; e^{-\frac{2\pi}{\omega_a}j\omega}$$

Der Amplitudengang ergibt sich zu:

$$\left| \frac{F_{Lin}(j\omega)}{2\pi/\omega_a} \right| = \left| \frac{F_{Pol}(j\omega)}{2\pi/\omega_a} \right|$$

$$= \left[\frac{\sin \pi\omega/\omega_a}{\pi\omega/\omega_a} \right]^2$$

Schlußfolgerung:

Bei CNC- öder DNC-Anlagen sollten durch den Prozeßrechner nur soviele Bahnzwischenpunkte berechnet bzw. übertragen werden, wie sie sich aus der Bandbreite der Lageregelkreise und dem Abtasttheorem als hinreichend erweisen. Die Glättung der Rechnerausgangssignale für die Steuerung der einzelnen Maschinenachsen kann durch ein Übertragungsglied mit Tiefpaßcharakter wie z.B. einem Halteglied und dem Lageregelkreis selbst geschehen. Um jedoch unabhängig zu sein von den unterschiedlichen Lageregelkreisen und damit unterschiedlichen Glättungswirkungen einer jeden Maschine, dürfte es zweckmäßig sein, jedem Lageregelkreis

einen analogen oder digitalen elektronischen Tiefpaß mit gleichen Eigenschaften vorzuschalten. In besonderer Weise eignet
sich hierzu ein Linearinterpolator (Glättungsinterpolator).
Im Falle einer digitalen Linearinterpolation genügt es, diesen
mit wenigen Binärstellen auszustatten.

Für den Aufbau von CNC- oder DNC-Anlagen ergibt sich dann eine
Konfiguration gemäß <u>Bild 2/9</u>.

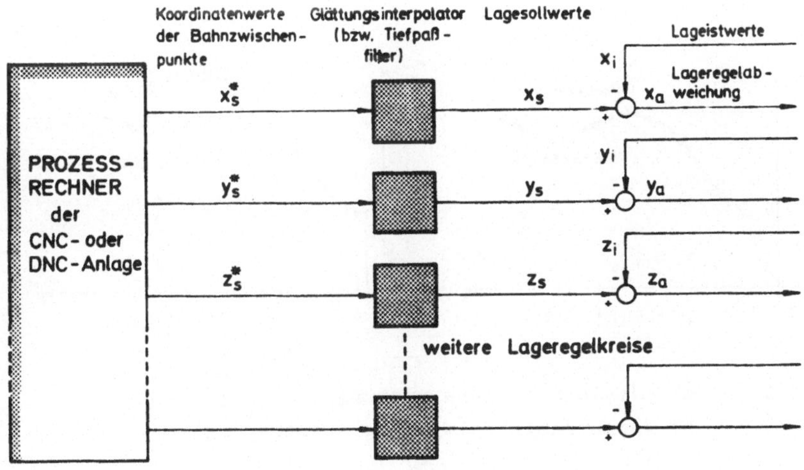

Bild 2/9   Aufbau einer CNC- oder DNC- Anlage

2.2. <u>Anforderungen an die Lageregelkreise</u>

An den Lageregelkreis als dem letzten Glied im Übertragungskanal für die Signale zur Bewegung der Maschinenschlitten muß
die Forderung gestellt werden: möglichst ohne Verzerrung die

die Lagesollwertsignale $x_s(t)$, $y_s(t)$, $z_s(t)$ in Schlittenbewe-
gungen umzusetzen.

Bei verzerrungsfreier Signalübertragung unterscheidet sich
das Ausgangssignal, in diesem Fall der Lageistwert, vom Eingangssignal, dem Lagesollwert, lediglich durch eine Laufzeit
t_1 (<u>Bild 2/1ob</u>). Im Unterschied hierzu wird für ideale Signalübertragung $t_1 = o$ verlangt (<u>Bild 2/1ob</u>).

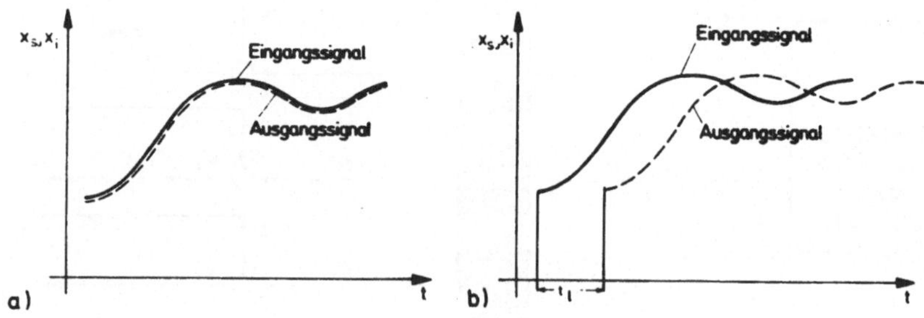

Bild 2/1o   a) ideale Signalübertragung
            b) verzerrungsfreie Signalübertragung

Die Signalübertragung im Lageregelkreis sollte v e r z e r -
r u n g s f r e i sein. An Regelkreise werden im allgemeinen
andere Forderungen gestellt, nämlich: daß z.B. Störungen rasch
ausgeregelt werden, oder daß bei Änderung der Führungsgröße der
Regelkreis auf den neuen Wert schnell übergeht.

Im Fall des Lageregelkreises für Werkzeugmaschinen gilt dies
grundsätzlich auch, insbesondere jedoch muß hier Verzerrungs-
freiheit verlangt werden, d.h. daß ohne Verlust an Information
und damit bahngetreu die Maschinenschlitten durch die Lageregelkreise gesteuert werden.

Die Bedingung für verzerrungsfreie Signalübertragung ist
nach Küpfmüller [12] :

$$F_L(j\omega) = \frac{X_i(j\omega)}{X_s(j\omega)} = 1$$

und

$$-\frac{\varphi}{\omega} = t_1 = \text{const.}$$

Hierbei sind : $F_L(j\omega)$ der Frequenzgang des Lageregelkreises,
$X_i(j\omega)$ die Fouriertransformierte des Lageistwertes (Regelgröße), $X_s(j\omega)$ die Fouriertransformierte des Lagesollwertes
(Führungsgröße), φ der Phasenwinkel zwischen X_s und X_i,
ω die Kreisfrequenz und t_1 eine konstante Laufzeit.

Die Bedingung für verzerrungsfreie Signalübertragung kann von
einem Regelkreis, vor allem von einem mechanischen System, nur
näherungsweise und nur bis zu einer bestimmten Grenzfrequenz
hin erfüllt werden.

Im Gegensatz zur Nachrichtenübertragung, wo häufig die Struktur
der Übertragungsglieder veränderbar ist und mit elektrischen Ent-
zerrungsnetzwerken verbessert werden kann, liegt die Struktur
der Lageregelkreise bei Werkzeugmaschinen praktisch fest und
es sind nur wenige Parameter - oft nur die Geschwindigkeitsverstärkung - frei wählbar. Das Ziel der im nächsten Kapitel
durchgeführten Lageregelkreisoptimierung muß daher sein: durch
geeignete Wahl dieser wenigen Parameter eine möglichst verzerrungsfreie Signalübertragung zu erhalten.

Bei den Signalverzerrungen unterscheidet man lineare und nichtlineare Verzerrungen. Die linearen Signalverzerrungen sind von
der Amplitude des Eingangssignals eines Systems unabhängig

und können z.B. durch den Frequenzgang des Systems vollständig beschrieben werden

Die nichtlinearen Signalverzerrungen sind abhängig von der
Höhe der Signalamplitude. Nichtlineare Signalverzerrungen werden vor allem durch Spiel, konstante Reibung und Begrenzungen
verursacht. [13] , [14].

Im folgenden werden nur lineare Lageregelkreise betrachtet.
Dies scheint eine erhebliche Einschränkung der Untersuchungen
zu sein. Da sich jedoch die Bahn durch lineare Superposition
voneinander unabhängiger Teilbewegungen ergibt, istfür die
numerische Bahnsteuerung möglichst lineares Übertragungsverhalten erforderlich. Die Einflüsse der Nichtlinearitäten
dürfen also nur so groß sein, daß sie unter der Schwelle
liegen, bei welcher Bearbeitungsfehler vernachlässigt werden
können. Dies zu erreichen, ist jedoch keine Dimensionierungs-
aufgabe für die numerische Bahnsteuerung, sondern ein Problem
der Maschinenkonstruktion, gegebenenfalls noch eine Dimensio-
nierungsfrage für die unterlagerten Regelkreise wie z.B. des
Stromregelkreises bei einem elektrischen Antriebsmotor.

3. OPTIMIERUNG DER LAGEREGELKREISE

Um ein System optimieren zu können, müssen die grundsätzli-
chen Eigenschaften des Systems bekannt sein, und es muß vor allem ein Optimierkriterium, also ein Maßstab für die gewünsch-
ten Eigenschaften des Systems formulierbar sein.

3.1. Die grundsätzlichen Eigenschaften des Lageregelkreises

Die Maschinenschlitten numerisch gesteuerter Werkzeugmaschinen
werden in der Regel, wie in Bild 1/1 gezeigt, durch eine Spindel und Spindelmutter über einen drehzahlgeregelten Elektro-
motor oder Hydraulikmotor angetrieben. Das Wegmeßsystem ist
entweder ein rotatorisches Meßsystem (Winkelcodierer, Drehmel-
der) und erfaßt die Winkelstellung der Spindel, oder es ist ein
translatorisches Meßsystem (Codelineal, Strichmaßstab, Linear-
inductosyn), mit welchem die Schlittenposition direkt gemessen
wird. Im letzteren Fall spricht man von direktem Wegmeßsystem.

Die Lageregelkreise bei numerisch gesteuerten Werkzeugmaschinen haben grundsätzlich eine Struktur wie sie Bild 3/1 zeigt.
Der Regler ist stets ein Proportionalregler. Die Lageregelabweichung $x_i - x_s = x_a$ bestimmt die Verfahrgeschwindigkeit für
den Maschinenschlitten. Das Verhältnis von dem Geschwindig-
keitssollwert v_{xs} zur Lageregelabweichung x_a wird als Geschwindigkeitsverstärkung k_v bezeichnet. Die Geschwindigkeitsverstärkung wird meist in der Einheit 1/Sekunde angegeben. Dem Lageregler folgt der Block Antrieb, dessen Ausgangsgröße der Ge-
schwindigkeitsistwert v_{xi} ist, welcher durch Integration den
Lageistwert x_i ergibt. Gerätetechnisch kann man sich diese In-
tegrationsstelle z.B. an dem Übergang zwischen der Rotations-
bewegung der Spindel zur Vorschubbewegung des Maschinenschlittens, also zwischen Spindel und Spindelmutter, vorstellen.

Der Block Vorschubantrieb umfaßt also alle Übertragungsglieder
zwischen Lageregler und dem Wegmeßsystem, ausgenommen das Inte-

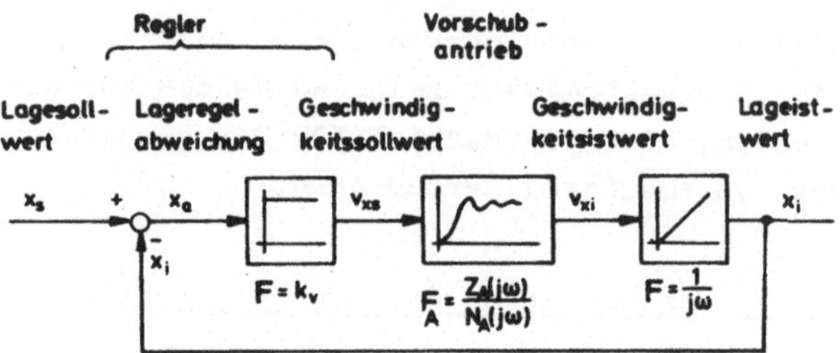

Bild 3/1 Blockschaltbild des Lageregelkreises

grationsglied, welches zwischen der Geschwindigkeit v_{xi} und
dem Weg x_i steht. Unter dem Vorschubantrieb wird stets ein
drehzahlgeregelter Antriebsmotor und zuzüglich die mechanischen Übertragungsglieder, die zwischen Motor und Wegmeßsystem liegen, verstanden.

Der Frequenzgang des Vorschubantriebs ist allgemein formuliert
eine gebrochen rationale Funktion mit einem Zählerpolynom m-
ten Grades und einem Nennerpolynom n-ten Grades in $(j\omega)$:

$$F_A(j\omega) = \frac{Z_A(j\omega)}{N_A(j\omega)} = \frac{1 + b_1 j\omega + b_2(j\omega)^2 + \ldots + b_m(j\omega)^m}{1 + a_1 j\omega + a_2(j\omega)^2 + \ldots + a_n(j\omega)^n}$$

mit m < n.

Der Frequenzgang F_{oL} des offenen Lageregelkreises wird somit:

$$F_{oL}(j\omega) = - \frac{k_v (1 + b_1 j\omega + b_2(j\omega)^2 + \ldots + b_m(j\omega)^m)}{j\omega (1 + a_1 j\omega + a_2(j\omega)^2 + \ldots + a_n(j\omega)^n)}$$

Der Führungsfrequenzgang des Lageregelkreises ist:

$$F_L(j\omega) = \frac{-F_{oL}(j\omega)}{1 - F_{oL}(j\omega)} = \frac{Z_L(j\omega)}{N_L(j\omega)}$$

$$= \frac{1 + b_1 j\omega + b_2(j\omega)^2 + \ldots + b_m(j\omega)^m}{1+(\frac{1}{k_v}+b_1)j\omega +(\frac{a_1}{k_v}+b_2)(j\omega)^2+\ldots+(\frac{a_i}{k_v}+b_{i+1})(j\omega)^{i+1}+\ldots+\frac{a_n}{k_v}(j\omega)^n}$$

3.1.1. Der Lageregelkreis mit idealem Antrieb

Unter einem idealen Antrieb wird ein linearer, verzögerungs-
freier und belastungsunabhängiger Vorschubantrieb verstanden.
Man erhält ein Blockschaltbild wie es __Bild 3/2__ zeigt.

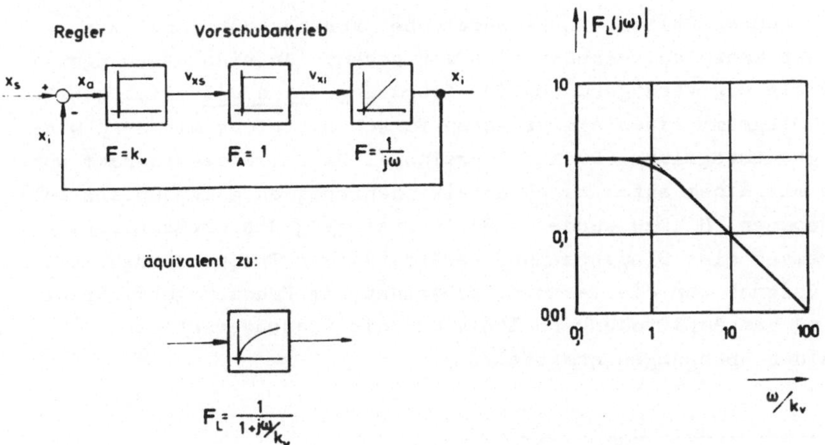

Bild 3/2 Blockschaltbild eines Lageregelkreises mit
idealem Vorschubantrieb

Der Führungsfrequenzgang ergibt sich zu:

$$F_L(j\omega) = \frac{1}{1 + j\omega/k_v}$$

also als Verzögerungsglied erster Ordnung mit der Kennkreisfrequenz[+] $\omega_o = k_v$ bzw. der Zeitkonstanten $T = 1/k_v$.
Für Frequenzen $\omega > k_v$ nimmt der Betrag des Frequenzganges
$F_L(j\omega)$ rasch ab.

Der Frequenzbereich von $\omega = 0 \ldots k_v$ kann näherungsweise als
Bandbreite des Lageregelkreises angesehen werden. Die Grenzfrequenz des Lageregelkreises ist also durch die Geschwindigkeitsverstärkung bestimmt. Die Forderung nach großer Bandbreite ist gleichbedeutend mit der Forderung nach einer hohen Geschwindigkeitsverstärkung.

3.1.2. Der Antrieb als Verzögerungsglied 1.Ordnung

In manchen Fällen, insbesondere bei Vorschubantrieben mit
Elektromotoren, verhält sich der gesamte Antrieb näherungsweise als ein Verzögerungsglied 1.Ordnung. Bild 3/3 zeigt ein Bode-Diagramm eines elektrischen Vorschubantriebs mit Geschwin-
digkeitsregelung (Drehzahlregelung). Dieses Bode-Diagramm wurde mit einem automatisch arbeitenden Frequenzgangmeßplatz auf-
genommen. Hierzu wurde am Sollwerteingang des Drehzahlregelkreises eine Sinusspannung veränderlicher Frequenz angelegt.
Meßsignal war die Tachometerspannung. Im Frequenzgangmeßplatz
wird das Amplitudenverhältnis und die Phasenverschiebung
beider Spannungen ermittelt.

[+]Der Begriff Kennkreisfrequenz ist hier sinngemäß zum Begriff
Kennkreisfrequenz beim Schwinger angewandt.(Vergleiche Fuß-
note auf Seite 38)

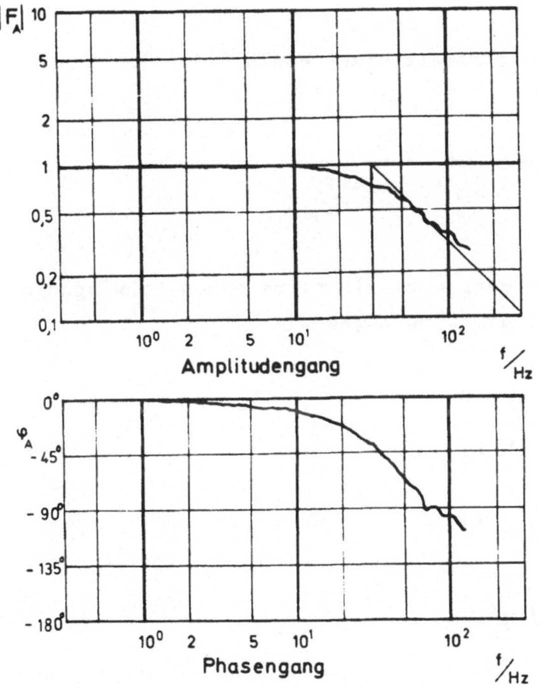

Bild 3/3
Bode-Diagramm
eines elektri-
schen Vorschub-
antriebs

Für den Lageregelkreis erhält man ein Blockschaltbild
gemäß <u>Bild 3/4</u>

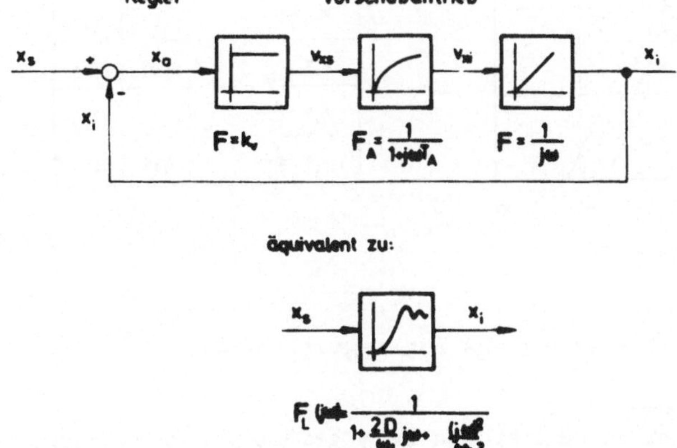

Bild 3/4 Blockschaltbild eines Lageregelkreises
(Antrieb als Verzögerungsglied 1.Ordnung)

Der Frequenzgang des Lageregelkreises ergibt sich zu:

$$F_L(j\omega) = \frac{1}{1 + \dfrac{j\omega}{k_v} + (j\omega)^2 \dfrac{T_A}{k_v}}$$

Dieser Führungsfrequenzgang entspricht dem eines Schwingungsgliedes (<u>Bild 3/5</u>) mit dem Dämpfungsgrad

$$D_L = \frac{1}{2} \sqrt{\frac{1}{k_v T_A}}$$

und der Kennkreisfrequenz[+)]

$$\omega_L = \sqrt{\frac{k_v}{T_A}} \ .$$

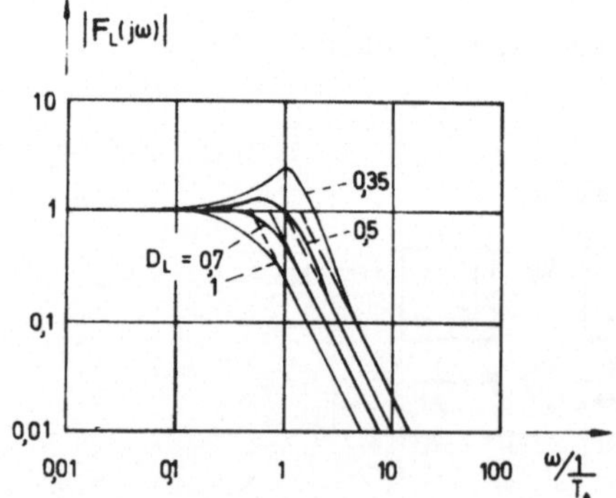

Geschwindigkeitsverstärkung	D_L	$\omega_L / \dfrac{1}{T_A}$
$k_v = \dfrac{1}{4\,T_A}$	1	0,5
$k_v = \dfrac{1}{2\,T_A}$	0,707	0,707
$k_v = \dfrac{1}{T_A}$	0,5	1
$k_v = \dfrac{2}{T_A}$	0,35	1,41

Bild 3/5   Amplitudengang des Lageregelkreises

[+)]Nach DIN 1311 unterscheidet man beim gedämpften Schwinger:
die Kennkreisfrequenz (in obigem Sinne), die Eigenkreisfrequenz
(Imaginärteil der Eigenwerte, also der Wurzeln der char. Gleichung) und die Gipfelkreisfrequenz (Kreisfrequenz, bei welcher die Resonanzkurve ein Extremum hat).

Die Vergrößerung der Geschwindigkeitsverstärkung führt wie
im vorigen Beispiel zu einer größeren Bandbreite, verursacht
jedoch als Folge der geringeren Dämpfung Resonanzüberhöhun-
gen und führt dadurch zu Verzerrungen in der Signalübertragung. Es ist ein Kompromiß zwischen Bandbreite und Dämpfung
zu finden, d.h. der Lageregelkreis ist hinsichtlich der Wahl
von k_v zu optimieren.

3.2. Wahl des Optimierkriteriums

Die Optimierung setzt ein Kriterium voraus, das mathematisch
formulierbar ist. Für die Optimierung von Regelkreisen erweisen sich die Integralkriterien als besonders geeignet [15],
[16] , [17] , [18] , [19] .

Es wird hierbei die Regelabweichung $x_a(t)$ bzw. eine Funktion
der Regelabweichung über der Zeit integriert und dieses Integral - allgemein als "Regelfläche" bezeichnet - minimisiert.

$$I = \int_0^\infty f(x_a(t),t)\, dt \longrightarrow \text{Minimum}$$

Die Regelabweichung $x_a(t)$ wird für typische Führungsgrößen,
zumeist für eine Sprungfunktion, ermittelt (<u>Bild 3/6</u>). Die
Sprunghöhe sei mit w bezeichnet.

Man unterscheidet vornehmlich folgende Integralkriterien:

1. IAE - Kriterium (<u>I</u>ntegral of <u>A</u>bsoluted <u>E</u>rror)

$$I_{IAE} = \int_0^\infty \left| x_a(t) \right|\, dt$$

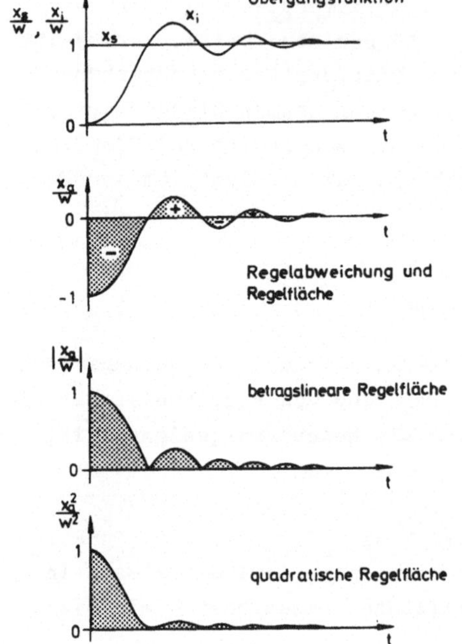

Bild 3/6
Regelabweichung und
Regelflächen

2. ISE - Kriterium (Integral of Squared Error)

$$I_{ISE} = \int_{0}^{\infty} (x_a(t))^2 \, dt$$

3. ITAE - Kriterium (Integral of Time multiplied
Absoluted Error)

$$I_{ITAE} = \int_{0}^{\infty} |x_a(t)| \cdot t \cdot dt$$

4. ITSE - Kriterium (Integral of Time multiplied
         Squared Error)

$$I_{ITSE} = \int_0^\infty (x_a(t))^2 \cdot t \cdot dt$$

Bei weiteren Integralkriterien wird neben dem zeitlichen Verlauf der Regelabweichung auch die Geschwindigkeit und die Beschleunigung der Regelgröße bewertet.

Die obigen Optimierkriterien sind geeignet - wie sich zusammenfassend feststellen läßt - , einen Regelkreis dahingehend zu optimieren, daß die Regelgröße der Führungsgröße schnell folgt. Man versucht, die Regelfläche möglichst klein zu machen, also einem idealen Übertragungsverhalten möglichst nahe zu kommen.

Diese Kriterien sind für die Lageregelkreisoptimierung weniger geeignet, da ihnen die viel schärfere Bedingung nach möglichst i d e a l e r Signalübetragung zugrunde liegt, wohingegen beim Lageregelkreis eine v e r z e r r u n g s f r e i e Signalübertragung ausreicht. An einem spezifischen Optimierkriterium hierfür mangelt es in der regelungstechnischen Literatur. Es war daher notwendig, im Rahmen dieser Arbeit zunächst ein Kriterium zu formulieren und ein Berechnungsverfahren hierfür zu entwickeln.

Ein verzerrungsfreies Übertragungssystem erlaubt ein Nacheilen des Ausgangssignals gegenüber dem Eingangssignal um eine beliebige, jedoch konstante Laufzeit t_1 (siehe Seite 31).
Für diesen Fall erhält man ein adäquates Optimierkriterium durch Vergleich des Ausgangssignals mit einer "Vergleichsfunktion", welche in der Form dem eigentlichen Eingangssignal entspricht, jedoch gegenüber diesem um eine Laufzeit t_1 verscho-

ben ist (<u>Bild 3/7</u>). Die Differenz zwischen Ausgangssignal und Vergleichsfunktion sei mit Vergleichsregelabweichung gekennzeichnet und die hierauf bezogenen Regelflächen werden Vergleichsregelflächen genannt. Den Formelzeichen und Abkürzungen wird zur Kennzeichnung ein V (Vergleichsfunktion) angehängt.

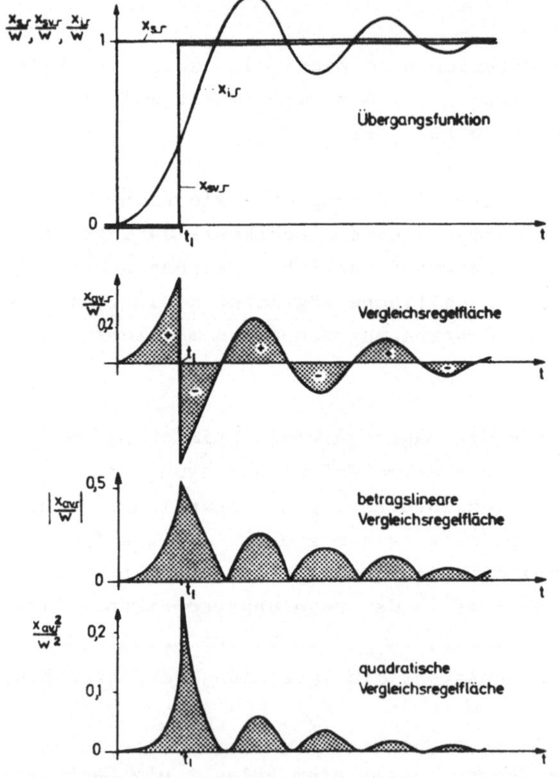

Bild 3/7
Vergleichsregelabweichung und Vergleichsregelflächen

Entsprechend zu dem IAE-Kriterium erhält man die betragslineare Vergleichsregelfläche:

$$I_{\underline{IAEV}} = \int_0^\infty \left| x_{av}(t) \right| \, dt \; ,$$

wobei $x_{av} = x_i - x_{sv}$ die Vergleichsregelabweichung darstellt und x_{sv} die Vergleichsfunktion ist.

In Anlehnung an das ISE-Kriterium erhält man die quadratische Vergleichsregelfläche:

$$I_{ISEV} = \int_0^\infty (x_{av}(t))^2 \, dt$$

Eine Formulierung entsprechend dem ITAE- und ITSE-Kriterium, also mit Zeitbeschwerung, ist hier nicht angebracht, da für das Auftreten der Signalverzerrungen die Lage auf der Zeitachse ohne Belang ist.

Die quadratische Vergleichsregelfläche ist außer von der bequemeren Berechnung her, wie noch gezeigt wird, der betragslinearen Vergleichsregelfläche vorzuziehen, da durch die Quadratur große Vergleichsregelabweichungen stark bewertet werden, kleine Vergleichsregelabweichungen dagegen kaum. Große Vergleichsregelabweichungen und damit große Signalverzerrungen können jedoch zu Bahnabweichungen führen, die über zulässige Abweichungen hinausgehen, wohingegen kleinere Bahnabweichungen, auch wenn sie lange anstehen, toleriert werden.

3.2.1. Bestimmung der Laufzeit und Wahl der Testfunktion

Wird ein linearer Regelkreis durch einen Impuls erregt, dann reagiert der Regelkreis am Ausgang mit einem verformten Impuls, dessen Zeitflächenschwerpunkt gegenüber dem des Eingangssignals um die Laufzeit t_o verschoben ist, wobei t_o die sogenannte Gruppenlaufzeit bei der Frequenz $\omega = 0$ ist (Bild 3/8).

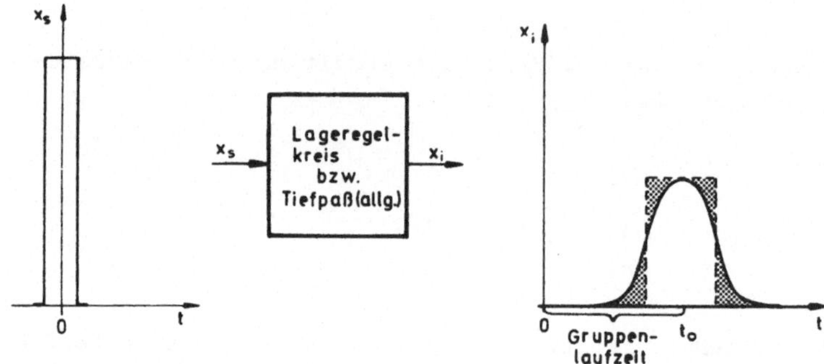

Bild 3/8   Reaktion eines Regelkreises auf einen Impuls

Erregt man ein System, wie z.B. den Lageregelkreis mit einer
Sprungfunktion, so ist nach Kaufmann [6] die Fläche unter dem
Ausgangssignal, bis zu einer hinreichend großen Zeit gerechnet,
gleich der Fläche unter einem Vergleichssignal, wenn für t_1
die sogenannte Gruppenlaufzeit gewählt wird (Bild 3/9a). Wird
ein Lageregelkreis mit einer Anstiegsfunktion beaufschlagt,
so folgt der Lageistwert dem Lagesollwert, abgesehen vom Einschwingvorgang, im zeitlichen Abstand t_o (Bild 3/9b).

Die Gruppenlaufzeit für die Kreisfrequenz $\omega = 0$ ist defi-
niert als der Differentialquotient des Phasenganges nach der
Frequenz an der Stelle $\omega = 0$ [12] .

$$t_o = - \left. \frac{d\,\varphi\,(\omega)}{d\omega} \right|_{\omega = 0}$$

Wie in [6] gezeigt, kann man die oben definierte Gruppenlaufzeit eines Übertragungsgliedes einfach berechnen nach der

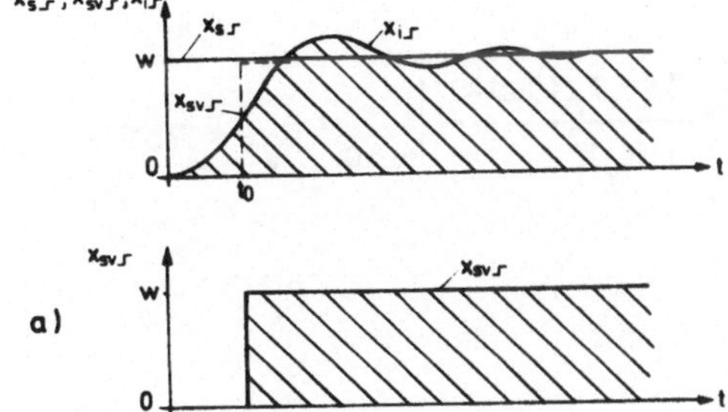

a)

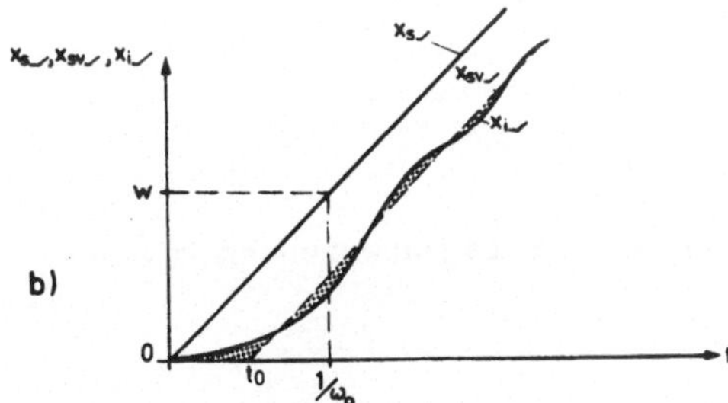

b)

Bild 3/9
Die Eigenschaft
der Gruppenlauf-
zeit bei der
Sprung- und An-
stiegsantwort
eines Lageregel-
kreises

Formel:

$$t_o = - \left. \frac{dF\,(j\omega)}{d\,(j\omega)} \right|_{\omega\,=\,0} \quad ,$$

wobei $F\,(j\omega)$ der Frequenzgang eines Übertragungsgliedes ist.

Die Lageregelkreise numerisch gesteuerter Werkzeugmaschinen
haben entsprechend der Regelkreisstruktur (Bild 3/1) einen
Frequenzgang:

$$F_L(j\omega) = \frac{-F_{oL}(j\omega)}{1 - F_{oL}(j\omega)} = \frac{F_A(j\omega)\,k_v}{p + F_A(j\omega)k_v}$$

mit $\quad F_{oL}(j\omega) = - F_A(j\omega)\,k_v/j\omega \quad .$

Damit wird:

$$t_o = - \left.\frac{dF_L(j\omega)}{d(j\omega)}\right|_{\omega=0} = \left.\frac{-k_v \frac{dF_A(j\omega)}{d(j\omega)} j\omega + F_A(j\omega)k_v}{(j\omega + F_A(j\omega)\,k_v)^2}\right|_{\omega=0} = \frac{1}{k_v} \cdot \frac{1}{F_A(0)}$$

und mit $F_A(0) = 1$ wird

$$t_o = \frac{1}{k_v} \cdot$$

Da die Geschwindigkeitsverstärkung k_v das Verhältnis von Geschwindigkeit v_{xs} zu Lageabweichung x_a im stationären Zustand darstellt

$$k_v = \frac{v_{xs}}{x_a} \quad ,$$

ist die Zeit, welche zum Durcheilen der Lageabweichung notwendig ist:

$$\frac{x_a}{v_{xs}} = \frac{1}{k_v} = t_o$$

Die Anstiegsfunktion als Testfunktion bewirkt beim Lageregelkreis der Werkzeugmaschine gerade ein Verfahren des Maschinenschlittens mit konstanter Geschwindigkeit.

Für die Werkstückbearbeitung wird von seiten der Zerspanungstechnologie gewöhnlich eine konstante Bahngeschwindigkeit v_B verlangt. Dies hat im stationären Zustand einen konstanten Abstand, den sogenannten Schleppabstand s_a zwischen der Lageistposition und der Lagesollposition, zur Folge.
Für den Schleppabstand gilt

$$s_a = \sqrt{x_a{}^2 + y_a{}^2 + z_a{}^2} = \frac{v_B}{k_v}$$

Von Einschwingvorgängen abgesehen, wird also das Werkstück um
die Zeit $t_o = s_a/v_B = 1/k_v$ gegenüber den von der Steuerung
vorgegebenen Sollwertfunktionen verzögert gefertigt.

Aus diesen Überlegungen heraus scheint es gerechtfertigt, für
eine Optimierung hinsichtlich kleinster Signalverzerrungen als
Laufzeit die Gruppenlaufzeit t_o zu wählen.

Die Optimierung wurde sowohl für die Sprungfunktion als auch
für die Anstiegsfunktion durchgeführt.

Wenngleich die Sprungfunktion kein typisches Lagesollwertsignal
ist, denn man will ja niemals den Maschinenschlitten sprunghaft
von einer Position in eine andere bringen, so ist dennoch die
Optimierung für einen Sollwertsprung als Testfunktion geeignet,
denn sie stellt einen Extremfall dar, welcher beim Verfahren
sehr kleiner Wegstückchen mit hoher Bahngeschwindigkeit näherungsweise gilt. Der Lagesollwert verändert sich dann entsprechend
einer Rampenfunktion (<u>Bild 3/1oa</u>) mit relativ steilem Anstieg
($t_{an} < 1/k_v$), so daß der Ausschwingvorgang einsetzt, bevor der
Einschwingvorgang abgeklungen ist. Anstelle dieser Schrittfunk-
tion kann näherungsweise die Sprungfunktion verwendet werden.

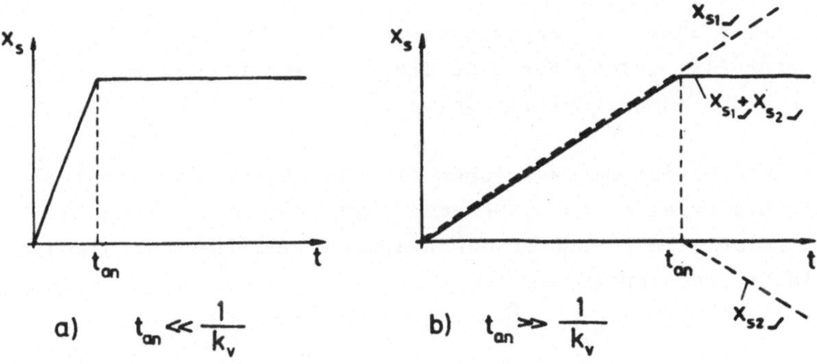

Bild 3/1o   Die Rampenfunktion

Die Anstiegsfunktion ist wohl die häufigste Eingangsgröße für
Lageregelkreise an Werkzeugmaschinen. Entsprechend einer Anstiegsfunktion ändert sich der Lagesollwert immer dann, wenn
längs einer geraden Linie mit konstanter Bahngeschwindigkeit
bearbeitet wird. Am Linienbeginn entsteht eine Anstiegsfunktion x_{s1} für den Lagesollwert und am Linienende eine Anstiegsfunktion x_{s2}, welche der ersteren überlagert ist (<u>Bild 3/1ob</u>).
Der Unterschied zur oben angeführten Rampenfunktion ist darin
zu sehen, daß sich die Ein- und Ausschwingvorgänge nicht mehr
überlagern. Dies ist der Fall, wenn $t_{an} \gg 1/k_v$ ist.

3.3. <u>Die Optimierung einfacher Lageregelkreise</u>

Die Berechnung der betragslinearen Vergleichsregelfläche I_{IAEV}
erfolgt durch Berechnung der Vergleichsregelabweichung $x_{av}(t)$,
anschließender Betragsbildung und numerischer Integration über
eine hinreichend lange Zeit. Die Berechnung der quadratischen
Vergleichsregelfläche kann entsprechend über die Quadratbildung
durchgeführt werden. Die quadratische Vergleichsregelfläche
läßt sich jedoch auch direkt aus dem Frequenzgang des Lageregelkreises ermitteln. Dies hat den Vorteil einer erheblich kür-
zeren Rechenzeit, da die numerische Integration entfällt. Der
Rechengang wird in Abschnitt 3.5. erläutert.

Für die Ermittlung der Vergleichsregelflächen wurden Rechenprogramme erstellt, welche für eine lineare Regelstrecke mit ra-
tionaler Übertragungsfunktion gelten.[+]

Um allgemeingültige Aussagen über die günstigste Dimensionierung der Lageregelkreise zu bekommen, wurden für einfache Lageregelkreise alle Parameter durchvariiert und die Vergleichsregelflächen berechnet.

[+] Der Rechengang ist in Abschnitt 3.4. und 3.5. dargestellt.
Die Berechnungen wurden am Universitätsrechenzentrum durchgeführt.

Der Vorschubantrieb wird zunächst als Verzögerungsglied
1.Ordnung und dann als Schwingungsglied angenommen. Die
Approximation des Vorschubantriebs durch ein Schwingungsglied
ist schon sehr wirklichkeitsnah. Bei der Kennwertermitt-
lung der dynamischen Eigenschaften der Vorschubantriebe geht
man nur in wenigen Fällen über eine Approximation durch ein
System 2.Ordnung, also der Ermittlung einer Kennkreisfrequenz
und einer Dämpfung, hinaus. In einigen Beispielen wurden aber
auch Vorschubantriebe als Systeme höherer Ordnung berücksich-
tigt.

3.3.1. Der Antrieb als Verzögerungsglied 1.Ordnung

Es interessiert, wie die Vergleichsregelflächen bei einem Lageregelkreis gemäß Bild 3/4 von der Geschwindigkeitsverstärkung
abhängen. Die Geschwindigkeitsverstärkung wird auf die Kennkreisfrequenz $\omega_o = 1/T_A$ des Antriebs bezogen. In Bild 3/11
ist die betragslineare und quadratische Vergleichsregelfläche für eine Sprungfunktion als Testsignal und in Bild 3/12
für eine Anstiegsfunktion als Testsignal aufgetragen. Je kleiner die Vergleichsregelflächen sind, also je kleiner die Werte
I_{ISEV} bzw. I_{IAEV} sind, desto besser ist der Lageregelkreis im
Sinne dieser Kriterien.

Im Falle der Sprungfunktion als Testsignal ergibt sich ein Minimum der Vergleichsregelflächen bei $k_{vopt} = 0,8\,\omega_o$ bzw.
$k_{vopt} = 0,85\,\omega_o$. Der Kurvenverlauf im Minimum ist sehr flach.
Die Ergebnisse der beiden Kriterien können als gleichwertig
betrachtet werden.

Einen etwas größeren Unterschied liefern die Optimierkriterien
bei einer Anstiegsfunktion als Testsignal. Während die quadratische Vergleichsregelfläche ein zwar sehr flaches Minimum bei
$k_{vopt} = 0,6\,\omega_o$ aufweist, zeigt die betragslineare Vergleichsre-

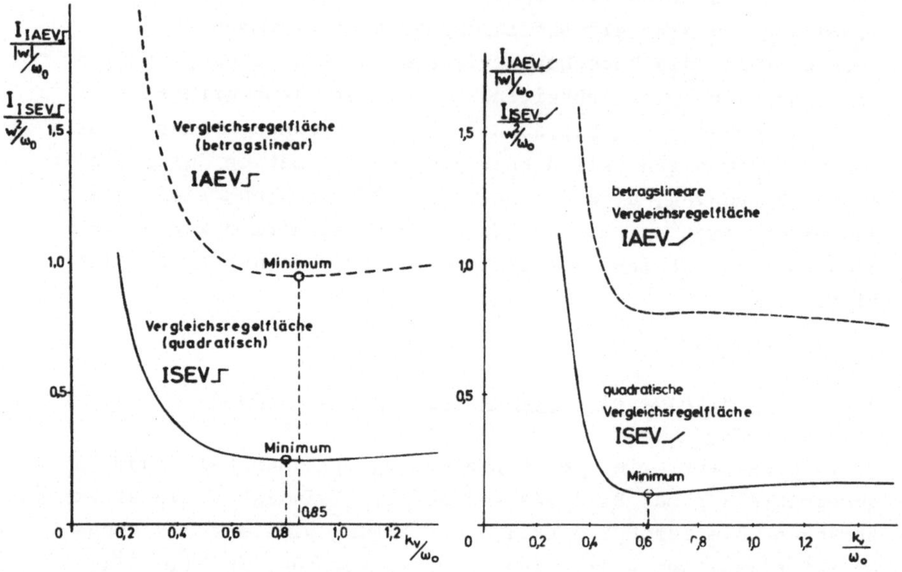

Bild 3/11
Betragslineare und quadratische Vergleichsregelfläche
für die Sprungfunktion als
Testsignal

Bild 3/12
Betragslineare und quadratische Vergleichsregelfläche
für die Anstiegsfunktion
als Testsignal

gelfläche in diesem Bereich einen sehr flachen Verlauf, jedoch
kein Minimum.

Die optimalen Einstellwerte für die Geschwindigkeitsverstär-
kung liegen somit zwischen $k_v = 0,6\,\omega_0$ und etwa $k_v = 0,85\,\omega_0$.
Der günstigste Dämpfungsgrad für diese Lageregelkreise liegt
demnach zwischen $D_L = 0,64$ und $D_L = 0,54$. Diese Werte decken
sich mit den Erfahrungswerten [2].

Bild 3/13 zeigt die Einschwingvorgänge des Lageistwertes bei sprungförmiger Erregung für verschiedene k_v-Werte.

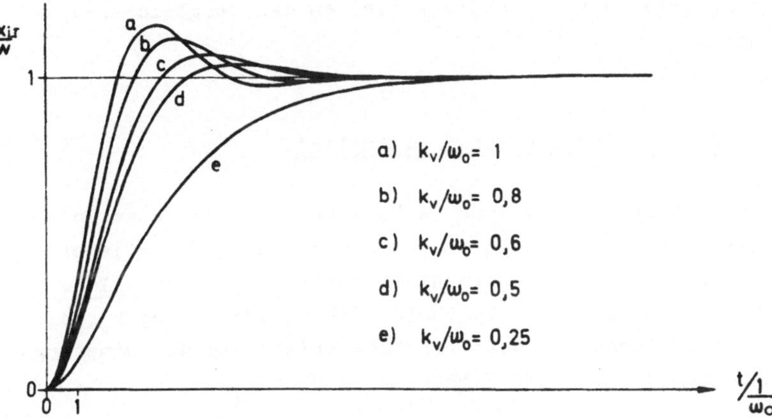

Bild 3/13   Übergangsfunktionen mit verschiedenen k_v-Werten

<u>Vergleich mit anderen Optimierverfahren</u>:

In der nachfolgenden Tafel sind die optimalen Geschwindig-keitsverstärkungen und Dämpfungsgrade der Lageregelkreise dargestellt, wie sie sich bei den meistverwendeten Optimier-verfahren ergeben.

Optimierverfahren	k_{vopt}/ω_0	D_{Lopt}
ISE-Kriterium	$\longrightarrow \infty$	$\longrightarrow 0$
ITSE-Kriterium	$\longrightarrow \infty$	$\longrightarrow 0$
ITAE-Kriterium	0,5	0,707

Während die beiden ersten Kriterien für die Lageregelkreisoptimierung sich als unbrauchbar erwiesen, liefert das ITAE
Kriterium ein Optimum, das jedoch zu einem etwas höheren
Dämpfungsgrad führt, als die Kriterien der Vergleichsregelflächen.

3.3.2. Der Antrieb als Schwingungsglied

Zumeist entspricht das dynamische Verhalten des fesamten Vorschubantriebs näherungsweise dem eines Schwingungsgliedes. Für
den Lageregelkreis gilt ein Blockschaltbild gemäßt Bild 3/14.
Die Parameter sind: die Geschwindigkeitsverstärkung k_v, die
Kennkreisfrequenz ω_o des Vorschubantriebs und der Dämpfungsgrad D_o des Vorschubantriebs.

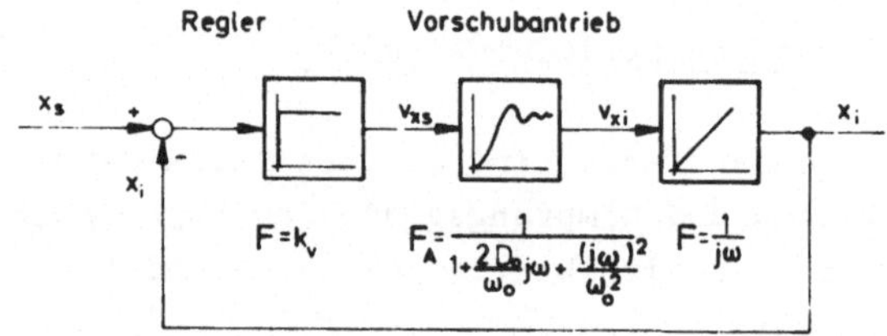

Bild 3/14   Blockschaltbild des Lageregelkreisee mit einem
               Vorschubantrieb entsprechend einem Schwingungs-
               glied

Bild 3/15 zeigt das Bode-Diagramm, welches bei der Frequenz-
gangmessung an einem ölhydraulischen Vorschubantrieb einer
großen 5-Achsen-Fräsmaschine (Bild 3/16) mit einem automati-
schen Frequenzgangmeßplatz ermittelt wurde. Die Kennkreisfre-

quenz beträgt in der X-Achse $\omega_o = 2\,\pi\,f_o \approx 250$ 1/s und der Dämpfungsgrad $D_O \approx 0,5$. Der Dämpfungsgrad läßt sich in Grenzen einmal durch die Reglerbeschaltung des Geschwindigkeits-regelkreises wie auch durch die Dämpfungsdrossel direkt am Hydraulikmotor variieren.

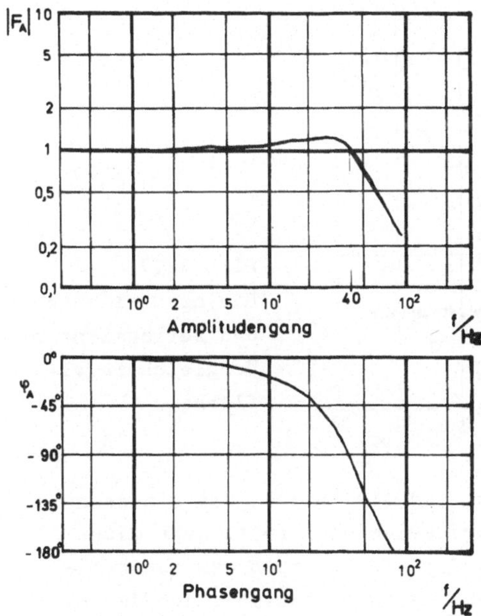

Bild 3/15
Bode-Diagramm des Vorschubantriebs der X-Achse

Bild 3/16
5-Achsen-Fräsmaschine mit
ölhydraulischen Vorschub-
antrieben

Aufgetragen ist in <u>Bild 3/17</u> die quadratische und betragsline-are Vergleichsregelfläche bei sprungförmigem Testisgnal für einige Dämpfungsgrade D_O in Abhängigkeit von der auf ω_o be-zogenen Geschwindigkeitsverstärkung k_v.

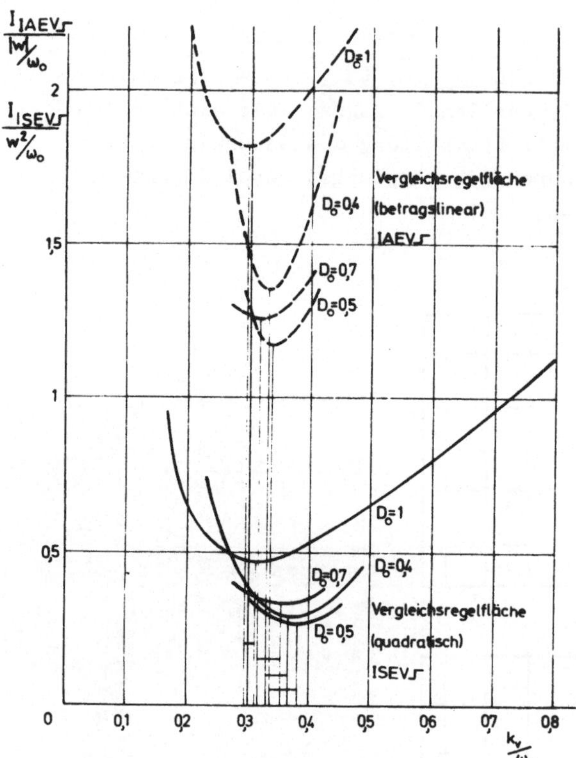

Bild 3/17
Die quadratische und betragslineare Vergleichsregelfläche

Dieses Bild zeigt sehr deutlich, daß die Optima, die man nach dem betragslinearen Vergleichskriterium ermittelt, sehr dicht bei den Optima (bezüglich der k_v/ω_o-Werte) nach dem quadratischen Vergleichskriterium liegen. Es macht hinsichtlich der Ergebnisse offenbar ekinen großen Unterschied, welches der beiden Kriterien angewandt wird. Da bezüglich des Rechenaufwandes jedoch ein erheblicher Unterschied besteht, wird im folgenden nur das quadratische Vergleichskriterium benützt.

In **Bild 3/18** und **Bild 3/19** sind Linien gleicher quadratischer Vergleichsregelflächen ($I_{ISEV} / \frac{w^2}{\omega_o}$) in Abhängigkeit von der Geschwindigkeitsverstärkung und des Dämpfungsgrades aufgetragen.

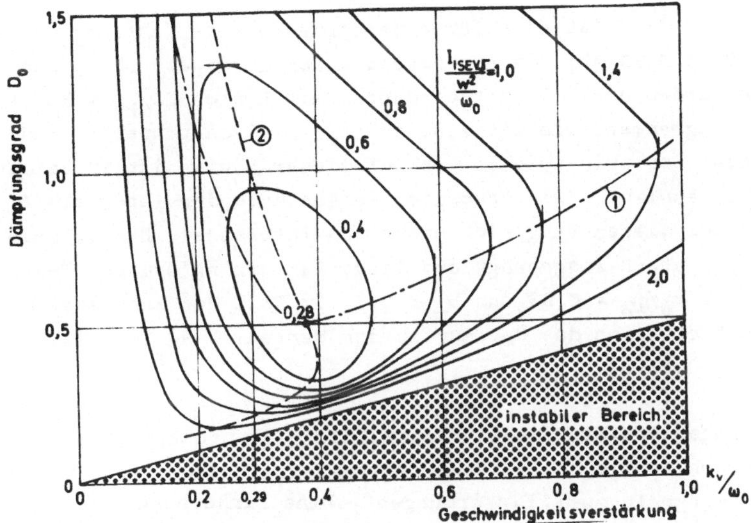

Bild 3/18 Linien gleicher quadratischer Vergleichsregel- flächen bei sprungförmigem Testsignal

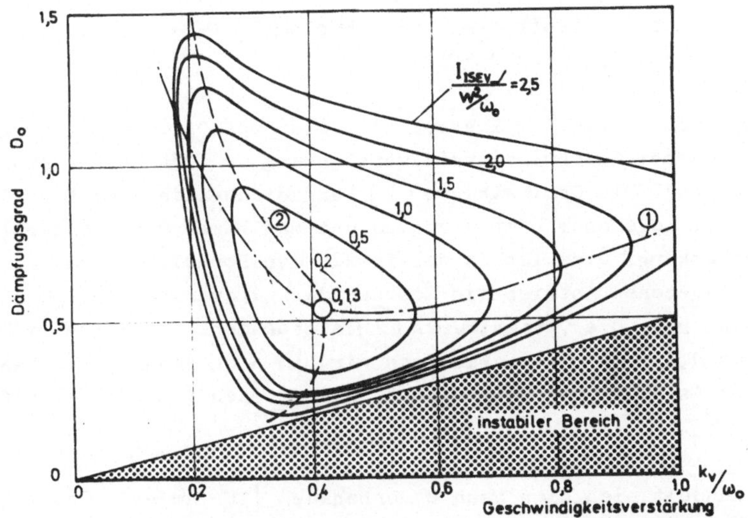

Bild 3/19 Linien gleicher quadratischer Vergleichsregel- flächen bei Verwendung der Anstiegsfunktion als Testsignal

Bei Bild 3/18 ist dies für eine sprungförmige Testfunktion und bei Bild 3/19 für die Anstiegsfunktion durchgeführt. Diese Linien wurden durch Schnittbildungen mit Linien I_{ISEV} = konst aus Diagrammen, wie sie z.B. in Bild 3/17 dargestellt sind, gewonnen. Der prinzipielle Verlauf dieser Linien ist in beiden Fällen ähnlich. (Die absoluten Zahlenwerte der Integrale I_{ISEV} sind bei diesem Vergleich nicht von Interesse). Das Optimum ist jeweils stark ausgeprägt und liegt bei sprungförmigem Testsignal bei k_v/ω_o = 0,38 und D_o = 0,5. Im Fall der Anstiegsfunktion verschiebt sich das Optimum zu den Werten: k_v/ω_o = 0,42 und D_o = 0,52.

Interpretiert man die Linien in Bild 3/18 und Bild 3/19 als geographische Höhenlinien eines Reliefs (Senke), so sind die Hauptmerkmale zwei "Einkerbungen". Eine Einkerbung verläuft von der Sohle der Senke aus etwa parallel zum Stabilitätsrand in Richtung größerer k_v-Werte und etwa längs der Optimalkurve ①
(—·—·—·—·). Für diese Optimalkurve[+)] gilt: $\partial I_{ISEV}/\partial D_o$ = 0. Die andere Einkerbung ist nahezu senkrecht zur ersteren in Richtung größerer Dämpfungswerte ausgerichtet. Etwa längs dieser Einkerbung läuft die Optimalkurve ② (— — — — —), für welche $\partial I_{ISEV}/\partial(\frac{k_v}{\omega_o})$ = 0 gilt.

Die Optimalkurve ① liefert ein relatives Optimum bei vorgeschriebener Geschwindigkeitsverstärkung und wählbarem Dämpfungsgrad. Die Optimalkurve ② kennzeichnet das relative Optimum bei gegebenem Dämpfungsgrad und wählbarer Geschwindigkeitsverstärkung. Dies ist in der Praxis der Normalfall, daß zu einem gegebenen Antrieb die Geschwindigkeitsverstärkung bestimmt werden muß. Die Optimalkurve ② interessiert vor allem im Bereich $0,5 < D_o < 1$. Vielfach wird im nichtbahngesteuerten Betrieb (z.B. in der Betriebsart "Handbetrieb"), also bei offe-

---

[+)] Es handelt sich hier nach H. Unbehauen [18] um eine Optimalkurve 1.Grades.

nem Lageregelkreis,von den Antrieben ein gutes Einschwingver-
halten verlangt, so daß von hierher z.B. D_o = 0,7 notwendig
ist, obgleich im Bahnsteuerbetrieb D_o = 0,5 optimal wäre.

Die Optimalkurve ② gibt nun an, daß mit größer werdendem Dämpfungsgrad, ausgehend vom absoluten Optimum, die Geschwindigkeitsverstärkung etwas reduziert werden muß.

Aus der Form der Höhenlinien erkennt man, daß bei einer Fehl-
einstellung der Geschwindigkeitsverstärkung - also sobald man
den Bereich der Einkerbung verläßt -, die Vergleichsregelflächen stark ansteigen und damit die Güte der Lageregelkreise
deutlich sinkt.

Bewertet man den Lageregelkreis nach dem meistgebrauchten ISE-
Kriterium, dann erhält man die Höhenlinien nach **Bild 3/2o**. Das
Regelflächenminimum liegt hier bei k_v/ω_o = 0,5 und D_o = 0,5,
also nicht wesentlich anders, als bei den oben angewandten
speziellen Kriterien. Einen großen Unterschied stellt man jedoch in der Form der Höhenlinien fest. Diese sind langgestreckt,
und zwar mehr in die Richtung größer werdender k_v-Werte als in
die Richtung wachsender Dämpfung. Das Minimum ist nicht stark
ausgeprägt. Der Verlauf der Optimalkurven, insbesondere der
Kurve ②ˌ für das relative Optimum bei gegebenem Dämpfungsgrad,ist ein völlig anderer als bei den Kriterien mit den Vergleichsregelflächen.

Bei vorgegebenen Dämpfungsgraden des Antriebs (D_o > 0,5) werden hier entgegen dem ISEV-Kriterium sehr hohe Geschwindigkeitsverstärkungen verlangt. Für einen Vorschubantrieb mit z.B. einer Kennfrequenz f_o = 50 Hz und einem Dämpfungsgrad D_o = 1,0
müßte nach dem ISE-Kriterium (siehe Bild 3/2o) die Geschwindigkeitsverstärkung k_v/ω_o = 0,68 bzw. k_v = 0,68 · 2π· 50 $\frac{1}{s}$ =
214 $\frac{1}{s}$ betragen. Orientiert man sich an den in der Praxis üb-
lichen Werten[+] so ist diese Angabe entschieden zu hoch. Nach

---

[+] Die Geschwindigkeitsverstärkungen liegen je nach Größe und Art
der Werkzeugmaschinen zwischen k_v = 10/s und k_v = 100/s. Die
Die Antriebe haben Kennfrequenzen etwa im Bereich zwischen
f_o = 5Hz und f_o = 50Hz.

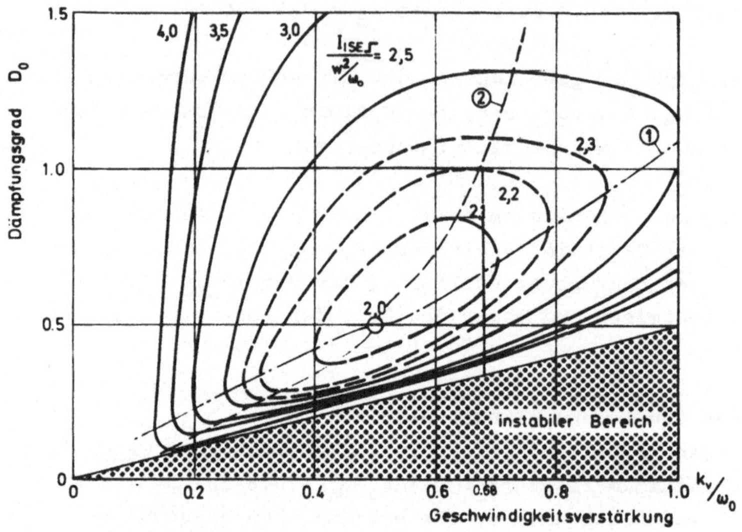

Bild 3/2o Linien gleicher quadratischer Regelflächen
          (ISE-Kriterium)

dem ISEV-Kriterium hingegen erhält man k_v/ω_0 = 0,31 (siehe
Bild 3/18) bzw. k_v/ω_0 = 0,27 (siehe Bild 3/19), also weit
weniger als die Hälfte des obigen Wertes.

In Bild 3/21 sind die Übergangsfunktionen[+] eingetragen, wie sie
sich für D_0 = 1,0 optimal nach dem ISE-Kriterium und nach dem
ISEV-Kriterium ergeben. Der Übergangsvorgang nach dem ISEV-
Kriterium ist erheblich stärker gedämpft.

[+] Am Analogrechner ermittelt.

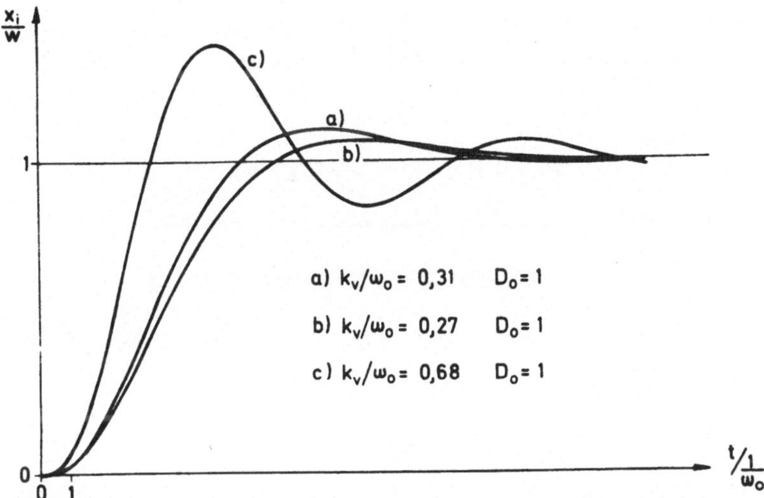

Bild 3/21 Übergangsfunktionen bei einem Lagesollwertsprung
für D_o = 1 und optimal im Sinne a) des ISEVʃ- Krite-
riums, b) des ISEVⵑ-Kriteriums, c) des ISEʃ-Kri-
teriums

3.3.3. Der Antrieb als Verzögerungsglied höherer Ordnung

Bei Werkzeugmaschinen mit direktem Wegmeßsystem kann es erforderlich sein, den Vorschubantrieb als ein Verzögerungsglied 3.
oder 4.Ordnung zu approximieren, nämlich dann, wenn die Kennkreisfrequenz des als Schwingungsglied zu verstehenden Spindel-
Schlitten-Systems in die Nähe der Kennkreisfrequenz des Drehzahlregelkreises zu liegen kommt.

Bei dem Spindel-Schlitten-System (**Bild 3/22**) wird die Kennkreisfrequenz ω_1 durch die Masse des Schlittens und die Nach-
giebigkeiten vor allem der Spindel und Spindellager bestimmt.

Die Dämpfung D_1 dieses Schwingungssystems erfolgt in erster Linie über die Schlittenführungen. Sie ist sehr stark abhängig
von der Art der Schlittenführungen (Gleit-, Rollen- hydrostati-

scher oder aerostatischer Führung)[20].

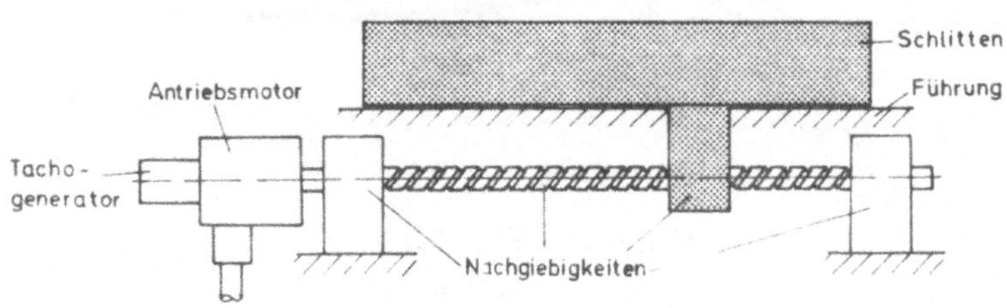

mech. Ersatzbild:

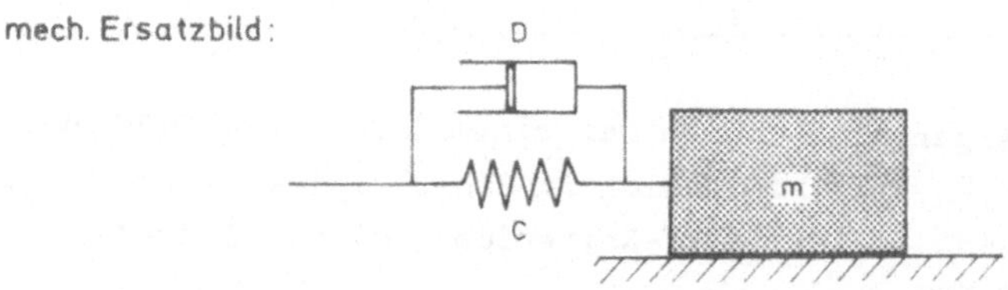

Bild 3/22   Spindel-Schlitten-System und mechanisches
            Ersatzbild

Für den Lageregelkreis erhält man ein Blockschaltbild gemäß
Bild 3/23. Das Schwingungssystem mit den Kennwerten D_o, ω_o
ist gerätetechnisch gesehen dem Drehzahlregelkreis bzw. dem
Geschwindigkeitsregelkreis zuzordnen und das Schwingungsglied
mit den Kennwerten D_1, ω_1 steht für das Spindel-Schlitten-System.

Durch die Einbeziehung dieser weiteren Parameter ω_1, D_1 in den
Lageregelkreis gelingt eine graphische Darstellung der Vergleichsregelfläche in Abhängigkeit sämtlicher Parameter in
einem Schaubild nicht mehr.

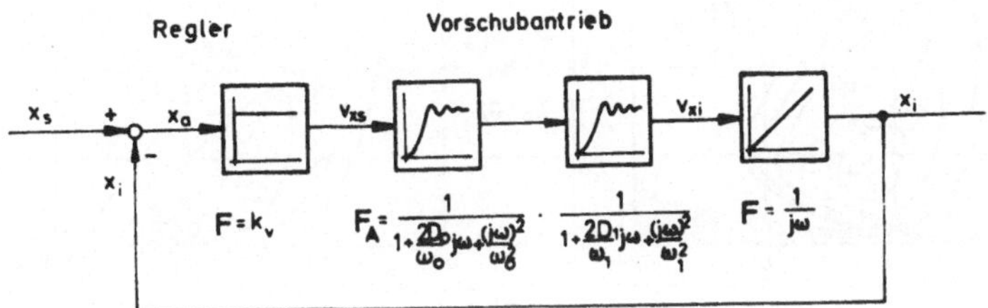

Bild 3/23   Der Lageregelkreis mit zwei Schwingungsgliedern

Um jedoch dem Maschinenkonstrukteur Anhaltspunkte für eine
günstige Auslegung der Vorschubantriebe in die Hand geben zu
können, wurde die quadratische Vergleichsregelfläche bei
sprungförmigem Testsignal für einige praxisnahe Fälle berechnet (Rechengang siehe Seite 67). In <u>Bild 3/24</u> sind Linien
gleicher Vergleichsregelflächen für verschiedene Frequenzenverhältnisse ω_1/ω_0 in Abhängigkeit vom Dämpfungsgrad D_1 und
von der normierten Geschwindigkeitsverstärkung k_v/ω_0 aufgetragen. Der Dämpfungsgrad D_0 des Antriebs beträgt jeweils 0,5.

Während man für ω_1/ω_0 = 1 und ω_1/ω_0 = 1,5 ein absolutes
Optimum erhält, bekommt man für ω_1/ω_0 = 2 und ω_1/ω_0 = 3 ein
Randoptimum für $D_1 \to 0$. Die Reliefs für diese letzteren Frequenzenverhältnisse sind am unteren Rand sehr flach. Dies be-
deutet, daß der Einfluß des Dämpfungsgrades D_1 des mechanischen Systems auf die Regelkreisgüte sehr gering ist, sofern
die Kennkreisfrequenz ω_1 über dem 2-fachen der Kennkreisfrequenz des Drehzahlregelkreises liegt.

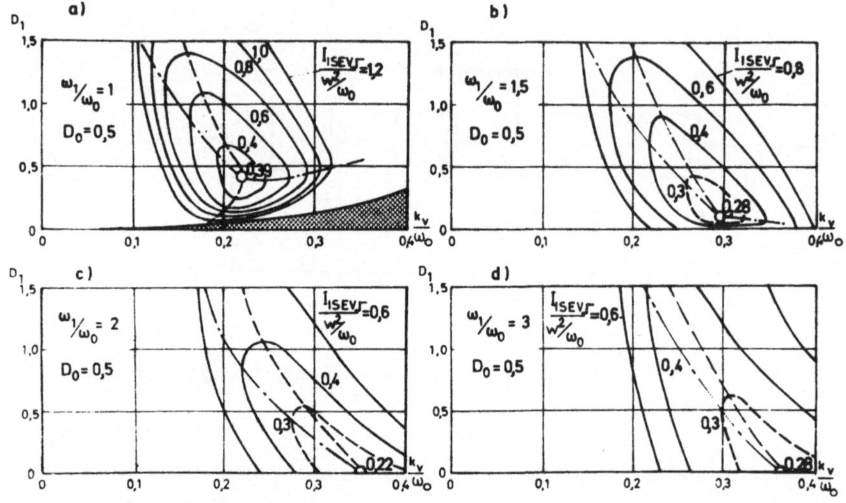

Bild 3/24   Linien gleicher quadratischer Vergleichsregel-
            fläche für einen Lageregelkreis mit zwei Schwin-
            gungsgliedern

In __Bild 3/25__ ist die optimale quadratische Vergleichsregelfläche als Funktion des Frequenzenverhältnisses ω_1/ω_0 aufgetragen, und zwar für einen Dämpfungsgrad $D_0 = 0{,}5$ und für
$D_0 = 0{,}7$. Für ein Frequenzenverhältnis $\omega_1/\omega_0 \approx 2$ ergibt sich
ein Minimum bei beiden Kurven. Für Frequenzenverhältnisse
$\omega_1/\omega_0 > 1{,}5$ ist die kleinere Dämpfung D_0 günstiger, während
für Frequenzenverhältnisse $\omega_1/\omega_0 < 1{,}5$ der Antrieb mit der
höheren Dämpfung $D_0 = 0{,}7$ kleinere I_{ISEV}-Werte liefert. Die
quadratische Vergleichsregelfläche nimmt mit abnehmendem
Frequenzenverhältnis ω_1/ω_0 stark zu.

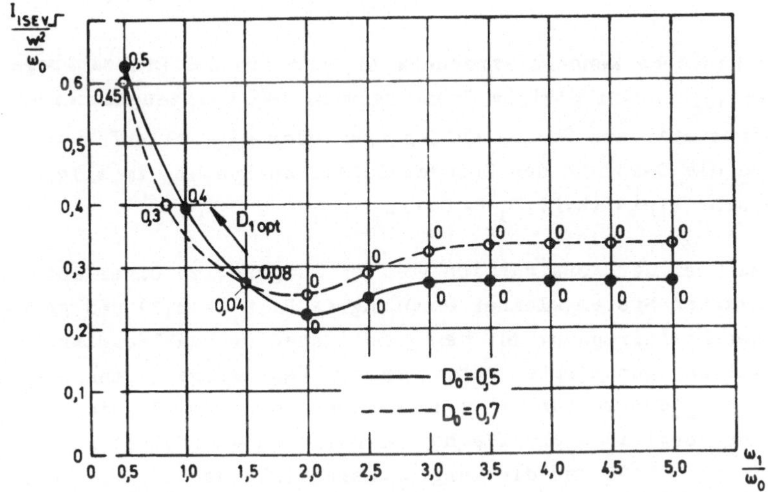

Bild 3/25   Optimale quadratische Vergleichsregelfläche als
Funktion des Frequenzenverhältnisses ω_1 / ω_0

Hinweise für die Maschinenkonstruktion

Die im Werkzeugmaschinenbau oft genannte Regel, daß das Verhältnis der Kennkreisfrequenz ω_1 des Spindel-Schlitten-Systems zur Kennkreisfrequenz ω_0 des Drehzahlregelkreises
mindestens 2 betragen muß, wird durch obiges Diagramm nicht
in dieser Absolutheit bestätigt. Das Frequenzenverhältnis
kann hiernach sogar bis 1:1 reichen, ohne daß die Regelflä-
che I_{ISEV} wesentlich über den optimalen Wert bei $\omega_1 / \omega_0 = 2$
ansteigt; allerdings ist man im Falle gleicher Kennkreisfrequenzen ($\omega_1 = \omega_0$) hinsichtlich der Dämpfung D_1 des
Spindel-Schlitten-Systems ziemlich festgelegt. Die Dämpfung
D_1 sollte dann nämlich wenigstens 0,2 betragen (vergleiche
Bild 3/24). Für Frequenzenverhältnisse $\omega_1 / \omega_0 > 2$ hingegen
ist der Dämpfungsgrad D_1 nicht mehr von großem Einfluß, er
darf sogar beliebig klein werden. Eine andere Frage ist es,
ob es sich lohnt, mit sehr reaktionsschnellen und damit teu-
ren Antrieben eine Werkzeugmaschine auszustatten, wenn dadurch

die mechanische Kennkreisfrequenz ω_1 und die des Drehzahlregelkreises ω_o in die gleiche Größe kommen. Bei Werkzeugmaschinen
mit hydrostatischen Schlittenführungen oder mit Rollenführun-
gen wird die Dämpfung des Spindel-Schlitten-Systems im allgemeinen sehr klein (z.B. $D_1 \approx 0,1$).

Steht man bei der Konstruktion vor der Aufgabe, zu einem Spindel-Schlitten-System kleiner Dämpfung (z.B. $D_1 = 0,1$) und gegebener Kennkreisfrequenz ω_1 den günstigsten Drehzahlregelkreis
und damit den günstigsten Antriebsmotor festzulegen, dann ergibt
sich nach __Bild 3/26__ für $\omega_o = \omega_1/1,5$ ein Minimum für die quadratische Vergleichsregelfläche und damit eine optimale Anpassung. In Bild 3/26 ist die Vergleichsregelfläche I_{ISEVJ} auf die
in diesem Fall maßgebenden Kreisfrequenz ω_1 bezogen.

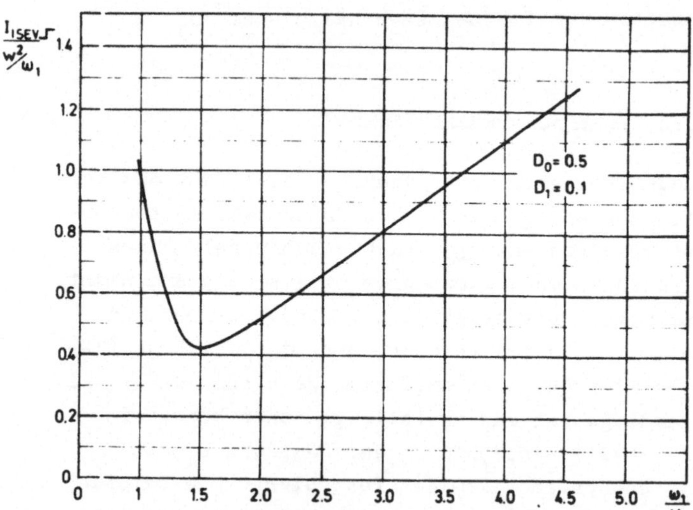

Bild 3/26   Die quadratische Vergleichsregelfläche,
            auf $1/\omega_1$ bezogen

Wie obiges Bild verdeutlicht, erzielt man durch den Einsatz re-
aktionsschnellerer Drehzahlregelkreise und damit teuerer An-
triebsmotoren und Stellglieder nicht immer eine Verbesserung
der Lageregelkreiseigenschaften.

3.4. Die Berechnung der Vergleichsregelflächen im Zeitbereich

Die Berechnung der Vergleichsregelflächen erfolgte am Digitalrechner [25] . Die theoretischen Grundlagen zur Erstellung der
Rechenprogramme sind im folgenden kurz angegeben. Die Ermittlung der Vergleichsregelflächen kann gemäß den Definitionen
von I_{IAEV} bzw. I_{ISEV} in Abschnitt 3.2. über die Berechnung
der Vergleichsregelabweichung $x_{av}(t)$ erfolgen. Zur Berechnung
der Vergleichsregelabweichung muß zunächst die Antwortfunktion
des Lageregelkreises auf die jeweilige Testfunktion, also für
die Sprung- und Anstiegsfunktion bestimmt werden.

Die Laplace-Transformierte eines Lagesollwertsprunges $x_{s\sqcap}(t)$
bzw. einer Lagesollwertanstiegsfunktion $x_{s\diagup}(t)$ ist

$$X_{s\sqcap}(p) = \frac{w}{p} \qquad\qquad\qquad X_{s\diagup}(p) = \frac{w/\frac{1}{\omega_o}}{p^2} = \frac{w\cdot\omega_o}{p^2} \qquad {}^{+)},$$

dabei ist w die Höhe des Lagesollwertsprunges bzw. bei der
ansteigenden Testfunktion der Lagesollwert, welcher nach der
Zeit $1/\omega_o$ erreicht wird (siehe Bild 3/9). Der Lagesollwert
$x_{s\diagup}(t)$ wächst mit der Geschwindigkeit $w\cdot\omega_o$.

Die Laplace-Transformierte ist für die Sprunantwort bzw. für
die Anstiegsantwort

$$X_{i\sqcap}(p) = \frac{w}{p}\cdot F_L(p) \qquad\qquad X_{i\diagup}(p) = \frac{w\cdot\omega_o}{p^2}\cdot F_L(p)$$

$$= \frac{w\, Z_L(p)}{p\, N_L(p)} \qquad\qquad\qquad = \frac{w\cdot\omega_o\, Z_L(p)}{p^2\, N_L(p)} \quad,$$

wobei $F_L(p) = \dfrac{Z_L(p)}{N_L(p)}$ die zum Frequenzgang $F_L(j\omega) = \dfrac{Z_L(j\omega)}{N_L(j\omega)}$

gehörende Übertragungsfunktion darstellt.

${}^{+)}$In den Teilen, wo sich die Rechnung für die Sprung- und die
Anstiegsfunktion unterscheidet, sind den Indizes die Zeichen $\sqcap$
und $\diagup$ angehängt.

Die zugehörigen Zeitfunktionen erhält man entsprechend den Regeln der Laplace-Rücktransformation [21], [22] zu:

$$x_{i\lrcorner}(t) = (1 + \sum_{\nu=1}^{n} C_\nu e^{P_\nu t})w \qquad x_{i\lrcorner}(t) = (t + \sum_{\nu=1}^{n} C_\nu \frac{e^{P_\nu t}}{P_\nu} - \frac{1}{k_\nu})w\cdot\omega_o,$$

wobei p_ν die Wurzeln des Nennerpolynoms $N_L(p)$ des Lageregelkreises sind und C_ν die Residuen[+)] der Übertragungsfunktion $F_L(p)/p$.

Die Residuen berechnen sich zu:

$$C_\nu = \frac{Z_L(p_\nu)}{p_\nu N_L'(p_\nu)}$$

N_L' ist die Ableitung des Nennerpolynoms nach p.

Bei der Sprungantwort $x_{i\lrcorner}(t)$ liefert der erste Summand den stationären Anteil, welchem der Lageistwert mit Verschwinden des flüchtigen Anteils (zweiter Summand) zustrebt. Die Anstiegsantwort $x_{i\lrcorner}(t)$ kann z.B. durch Integration der Sprungantwort $x_{i\lrcorner}(t)$ gewonnen werden. Die sich hierbei ergebende Integrationskonstante beträgt $-1/k_\nu$, da nach Abklingen der Einschwingvorgänge, also bei konstanter Verfahrgeschwindigkeit w ω_o der Lageistwert dem Lagesollwert gerade um die Zeit $1/k_\nu$ verzögert folgt (Seite 46).

Die Vergleichregelabweichungen sind im Bereich $0 < t \leq t_o$:

$$x_{av\lrcorner} = x_{i\lrcorner} \qquad x_{av\lrcorner} = x_{i\lrcorner}$$

$$= (1 + \sum_{\nu=1}^{n} C_\nu e^{P_\nu t})w \qquad = (-\frac{1}{k_\nu} + t + \sum_{\nu=1}^{n} C_\nu \frac{e^{P_\nu t}}{P_\nu})w\cdot\omega_o$$

[+)] Einfache Wurzeln von $N_L(p)$ vorausgesetzt.

und im Bereich $\quad t_o < t < \infty$

$$x_{av\Gamma} = x_{i\Gamma} - w = \sum_{\nu=1}^{n} C_\nu\, e^{p_\nu t}$$

$$x_{av\lrcorner} = x_{i\lrcorner} - (t-1/k_v)\,w\cdot\omega_o = \sum_{\nu=1}^{n} C_\nu\, \frac{e^{p_\nu t}}{p_\nu}\, w\cdot\omega_o$$

Für die Berechnung der quadratischen Vergleichsregelfläche
wird das Quadrat der Vergleichsregelabweichung gebildet und
über der Zeit integriert. Zur Berechnung der betragslinearen
Vergleichsregelfläche bildet man den Betrag der Vergleichsregelabweichung und integriert über der Zeit.

3.5. Die Berechnung der quadratischen Vergleichsregelfläche im Frequenzbereich

Obgleich die prinzipielle Berechnung der Vergleichsregelflächen im Zeitbereich äußerst einfach ist, wird durch die erfor-
derliche numerische Integration relativ viel Rechenzeit in An-
spruch genommen. Im Rahmen dieser Arbeit wurde ein Rechenverfah-
ren entwickelt, das eine Berechnung der quadratischen Vergleich-
regelfläche I_{ISEV} in geschlossener Form direkt aus dem Lagere-
gelkreisfrequenzgang erlaubt. Die Ergebnisse stimmen mit denen,
welche durch eine Berechnung im Zeitbereich gewonnen wurden,
überein [25].

3.5.1. <u>Herleitung der allgemeinen Lösung</u>

Die Laplace-Transformierte der Vergleichsregelabweichung $X_{av}(p)$ ergibt sich aus der Differenz zwischen der Laplace-Transformierten der Antwortfunktion $X_i(p)$ und der Vergleichsfunktion $X_{sv}(p)$.

Die Vergleichsfunktion $X_{sv}(p)$ ergibt sich entsprechend dem Verschiebungssatz [21] durch Multiplikation der Testfunktion $X_s(p)$ mit e^{-pt_o}.

Also ist:

$$X_{av\Gamma} = X_{i\Gamma} - X_{sv\Gamma} \qquad \Big| \qquad X_{av\!\int} = X_{i\!\int} - X_{sv\!\int}$$

$$= (\tfrac{1}{p} F_L - \tfrac{1}{p} e^{-pt_o})w \qquad \Big| \qquad = (\tfrac{1}{p^2} F_L - \tfrac{1}{p^2} e^{-pt_o})w \cdot \omega_o$$

Den Zusammenhang zwischen der quadratischen Vergleichsregelfläche und der Laplace-Transformierten der Vergleichsregelabweichung liefert die Parseval'sche Gleichung [21].

Es gilt hiermit:

$$I_{ISEV} = \int_0^\infty x_{av}(t)^2 \, dt = \frac{1}{2\pi} \int_{-\infty}^\infty \Big| X_{av}(j\omega) \Big|^2 \, d\omega$$

Für das Betragsquadrat der Vergleichsregelabweichung gilt:

$$\Big| X_{av}(j\omega) \Big|^2 = X_{av}(j\omega)\, X_{av}(-j\omega)$$

Also wird:

$$I_{ISEV} = \frac{1}{2\pi} \int_{-\infty}^\infty X_{av}(j\omega)\, X_{av}(-j\omega)\, d\omega$$

Das obenstehende Integral wird zweckmäßigerweise in Teilintegrale aufgespalten. Bedingung hierfür ist, daß diese Teilinte-

grale einzeln konvergieren. Formt man die Vergleichsregelabweichung wie nachstehend um, so ergeben sich vier konvergie-
rende Teilintegrale. Für den Spezialfall $p = j\omega$ erhält
man aus obigen Gleichungen :

$$X_{av\_}(j\omega) = \frac{F_1(j\omega) - e^{-j\omega t_0}}{j\omega}\, w$$

$$= \frac{F_1(j\omega)-1}{j\omega}\, w + \frac{1-e^{-j\omega t_0}}{j\omega}\, w$$

$$= F_{1\_}(j\omega) + F_{2\_}(j\omega)$$

$$X_{av\_}(j\omega) = \frac{F_1(j\omega)-e^{-j\omega t_0}}{(j\omega)^2}\, w\,\omega_0$$

$$= \frac{F_1(j\omega)-1+j\omega t_0}{(j\omega)^2}\, w\,\omega_0 + \frac{1-j\omega t_0-e^{-j\omega t_0}}{(j\omega)^2}\, w\,\omega_0$$

$$= F_{1\_}(j\omega) + F_{2\_}(j\omega)$$

Mit diesen Abkürzungen ergibt sich :

$$I_{ISEV} = \frac{1}{2\pi} \int_{-\infty}^{\infty} \Big[F_1(j\omega)+F_2(j\omega)\Big]\cdot\Big[F_1(-j\omega)+F_2(-j\omega)\Big]\cdot d\omega$$

$$= \frac{1}{2\pi} \int_{-\infty}^{\infty} F_1(j\omega)\cdot F_1(-j\omega)\cdot d\omega + \frac{1}{2\pi} \int_{-\infty}^{\infty} F_1(j\omega)\cdot F_2(-j\omega)\cdot d\omega +$$

$$+ \frac{1}{2\omega} \int_{-\infty}^{\infty} F_2(j\omega)\, F_1(-j\omega)\cdot d\omega + \frac{1}{2\omega} \int_{-\infty}^{\infty} F_2(-j\omega)\, F_2(j\omega)\cdot d\omega$$

$$= I_{11} + I_{12} + I_{21} + I_{22}$$

Lösung des Integrals I_{11}:

$$I_{11} = \frac{1}{2\pi} \int\limits_{-\infty}^{\infty} F_1(j\omega) \cdot F_1(-j\omega) \cdot d\omega$$

I_{11} ist die quadratische Regelfläche einer Zeitfunktion, deren Fourier-Transformierte $F_1(j\omega)$ ist. Da $F_1(j\omega)$ eine gewöhnliche gebrochen rationale Funktion ist, kann die zugehörige quadratische Regelfläche aus Tafeln [16] entnommen werden oder aber mit Hilfe des Residuensatzes [17], [23], [24] auf einfache Weise ermittelt werden.

Lösung des Integrals I_{12}:

$$I_{12} = \frac{1}{2\pi} \int\limits_{-\infty}^{\infty} F_1(j\omega) \cdot F_2(-j\omega) \cdot d\omega$$

$$I_{12\,\Gamma} = \frac{1}{2\pi} \int\limits_{-\infty}^{\infty} F_{1\,\Gamma}(j\omega)\frac{1-e^{j\omega t_0}}{-j\omega}w\cdot d\omega \qquad\Bigg|\qquad I_{12\,\lrcorner} = \frac{1}{2\pi} \int\limits_{-\infty}^{\infty} F_{1\,\lrcorner}(j\omega)\frac{1+j\omega t_0-e^{j\omega t_0}}{(-j\omega)^2}w\omega_0 d\omega$$

$$= -\frac{1}{2\pi} \int\limits_{-\infty}^{\infty} F_{1\,\Gamma}(j\omega)\frac{e^{j\omega t_0}}{-j\omega}w\cdot d\omega \; + \qquad\Bigg|\qquad = -\frac{1}{2\pi} \int\limits_{-\infty}^{\infty} F_{1\,\lrcorner}(j\omega)\frac{e^{j\omega t_0}}{(-j\omega)^2}w\omega_0 d\omega \; +$$

$$+\frac{1}{2\pi} \int\limits_{-\infty}^{\infty} F_{1\,\Gamma}(j\omega)\frac{1}{-j\omega}w\, d\omega \qquad\Bigg|\qquad +\frac{1}{2\pi} \int\limits_{-\infty}^{\infty} F_{1\,\lrcorner}(j\omega)\frac{1+j\omega t_0}{(-j\omega)^2}w\omega_0\cdot d\omega$$

$$= \tilde{I}_{12\,\Gamma} + \overset{\approx}{I}_{12\,\Gamma} \qquad\Bigg|\qquad = \tilde{I}_{12\,\lrcorner} + \overset{\approx}{I}_{12\,\lrcorner}$$

Das Integral $\tilde{I}_{12}$ stellt die negativ inverse Fourier-Transformation für die Funktion $F_{1\,\Gamma}(j\omega)w/-j\omega$ bzw. $F_{1\,\lrcorner}(j\omega)w\omega_0/(-j\omega)^2$

für einen Zeitpunkt $t = t_o$ dar. Die Lösung für die Rücktransformation kann Tabellen entnommen werden, z.B. [21] , [22] oder mittels des Residuensatzes bestimmt werden. Die Berechnung des Integrals $\overset{\approx}{I}_{12}$ kann ebenfalls über eine Fourier-Umkehrtransformation erfolgen. Multipliziert man das Argument von $\overset{\approx}{I}_{12}$ mit $e^{j\omega t}$ und läßt $t \rightarrow o$ gehen, also $e^{j\omega t} \rightarrow 1$ gehen, so verändert sich der Wert des Integrals $\overset{\approx}{I}_{12}$ nicht. Die Integration entspricht dann jedoch einer Fourier-Rücktransformation für einen Zeitpunkt $t = o$. Das Integral entspricht also einem zeitlichen Anfangswert, zu dessen Bestimmung das Anfangswerttheorem [21] vorteilhaft verwendet wird.

Lösung des Integrals I_{21}:

$$I_{21} = \frac{1}{2\pi} \cdot \int_{-\infty}^{\infty} F_2(j\omega)\, F_1(-j\omega) \cdot d\omega$$

Durch die Substitution von $\omega = -\overline{\omega}$ wird

$$I_{21} = \frac{1}{2\pi} \cdot \int_{\infty}^{-\infty} F_2(-j\overline{\omega})\, F_1(j\overline{\omega})\, (-d\overline{\omega})$$

$$= \frac{1}{2\pi} \cdot \int_{-\infty}^{\infty} F_2(-j\overline{\omega})\, F_1(j\overline{\omega}) \cdot d\overline{\omega}$$

auf das Integral I_{12} zurückführt.

Lösung des Integrals I_{22}:

$$I_{22} = \frac{1}{2\pi} \cdot \int_{-\infty}^{\infty} F_2(j\omega)\, F_2(-j\omega)\, d\omega$$

I_{22} stellt die quadratische Regelfläche der zur Fourier-Transformierten $F_2(j\omega)$ gehörenden Zeitfunktion $f_2(t)$ dar. Da $F_2(j\omega)$

unabhängig von den Eigenschaften des Lageregelkreises ist und
lediglich von der Art der Testfunktion abhängt, muß dieses Integral nur einmalig für jede Testfunktion berechnet werden.

Zu

$$F_{2\Gamma}(j\omega) = \frac{w}{j\omega}(1 - e^{-j\omega t}) \qquad \Big| \qquad F_{2\angle}(j\omega) = (\frac{1}{j\omega})^2 (1 - j\omega t_o - e^{-j\omega t_o})\omega_o w$$

gehören die Zeitfunktionen:

$$f_{2\Gamma}(t) = (s(t) - s(t-t_o))\,w \qquad \Big| \qquad f_{2\angle}(t) = (s(t)t - s(t)t_o - s(t-t_o)(t-t_o))w\omega_o$$

wobei s(t) die Sprungfunktion ist.

Für diese gilt: $\qquad s(t) = 1 \quad$ für $\quad 0 < t < \infty$
$\qquad\qquad\qquad\quad s(t) = 0 \quad$ für $\qquad t < 0$

In <u>Bild 3/27</u> sind die Zeitfunktion $f_{2\Gamma}$ und $f_{2\angle}$ dargestellt.

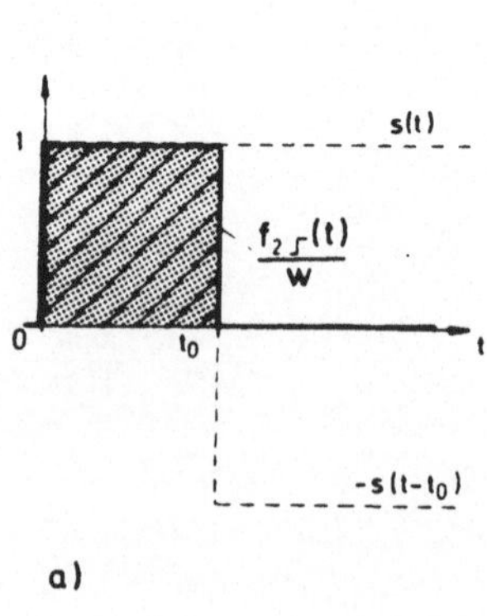

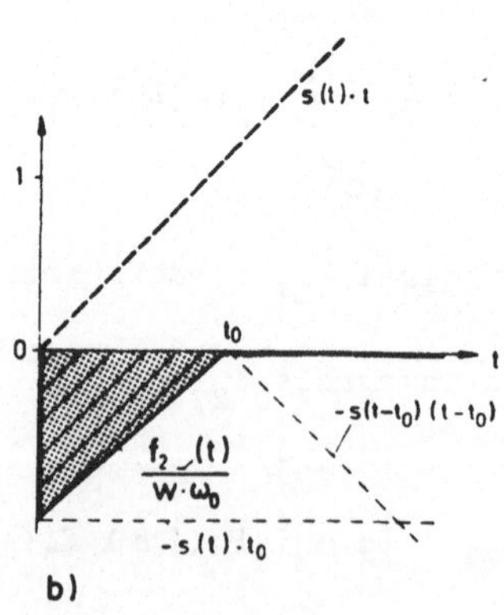

Bild 3/27 a) Regelfläche der Funktion $f_{2\Gamma}(t)$
$\qquad\qquad\quad$ b) Regelfläche der Funktion $f_{2\angle}(t)$

Die quadratische Regelfläche bestimmt sich zu:

$$I_{22\Gamma} = \int_0^\infty f_{2\Gamma}(t)^2 \, dt$$

$$= \int_0^{t_o} w^2 \cdot dt$$

$$= w^2 \cdot t_o$$

$$I_{22\lrcorner} = \int_0^\infty f_{2\lrcorner}(t)^2 \, dt$$

$$= \int_0^{t_o} (t-t_o)^2 w^2 \omega_o^2 \, dt$$

$$= \int_0^{t_o} (t^2 - 2tt_o - t_o^2) w^2 \omega_o^2 \, dt$$

$$= w^2 \omega_o^2 \left[\frac{t^3}{3} - t^2 t_o + tt_o^2 \right]_0^{t_o}$$

$$= \frac{w^2 \omega_o^2 \, t_o^3}{3}$$

Für $t_o = 1/k_v$ ergibt sich:

$$I_{22\Gamma} = w^2/k_v$$

$$I_{22\lrcorner} = w^2 \frac{\omega_o^2}{3 \cdot k_v^3}$$

Zusammenfassung

Zur Berechnung der Vergleichsregelfläche im Frequenzbereich
sind die 4 Teilintegrale I_{11}, I_{12}, I_{21}, I_{22} zu lösen. Das Integral I_{11} kann geschlossen gelöst werden. Die Lösungen liegen für viele Anwendungsfälle tabellarisch vor. Das Integral I_{12} entspricht einer Fourier-Rücktransformation für einen diskreten Zeitpunkt. Das Integral I_{21} hat dieselbe Lösung wie I_{12}. Für das Integral I_{22} ist das Ergebnis oben angegeben. Es ist unabhängig von den Parametern des Vorschubantriebes. Durch die Aufspaltung in diese 4 Teilintegrale wird die Regelflächenberechnung sehr einfach.

4. BAHNVERZERRUNGEN

Durch den Lageregelkreis werden die Lagesollwertsignale ver-
zerrt. Diese Verzerrungen können zu Abweichungen von der ge-
wünschten Bahn, also zu Bahnverzerrungen führen.

Bahnverzerrungen, welche aus linearen Signalverzerrungen re-
sultieren, seien mit lineare Bahnverzerrungen bezeichnet.
Entsprechend werden Bahnverzerrungen, welche durch die nichtlineare Signalübertragung verursacht werden, nichtlineare
Bahnverzerrungen genannt.

Die nichtlinearen Bahnverzerrungen werden vor allem durch Spiel
und konstante Reibung im Vorschubantrieb und der dadurch beding-
ten Umkehrspanne verursacht [2] , [13] , [14] . Die Umkehrspanne
ist bei numerisch gesteuerten Werkzeugmaschinen so klein wie nur
möglich zu halten, aber nicht weil hierdurch die dynamischen Eigenschaften der Lageregelkreise unter Umständen verändert werden
könnten, sondern weil das hier angewandte Prinzip der Bahnerzeu-
gung, welches auf der linearen Superponierung einzelner, völlig
entkoppelter Achsbewegungen beruht, verletzt wird. Anders formuliert: die nichtlinearen Bahnverzerrungen sind das vorwiegende
Problem der Maschinenkonstruktion und der Auswahl der Maschinen-
elemente. Die linearen Bahnverzerrungen bestimmen die regelungs-
technische Dimensionierung der numerischen Bahnsteuerung, insbesondere die Auslegung der Lageregelkreise.

Lineare und nichtlineare Bahnverzerrungen können weitgehend unabhängig voneinander untersucht werden. Bahnverzerrungen, welche
in der Größenordnung der Umkehrspanne der Werkzeugmaschine liegen (bei numerisch gesteuerten Werkzeugmaschinen ca. 10 µm),
sind vor allem durch die Umkehrspanne selbst bedingt. Die
linearen Bahnverzerrungen sind daher erst für Bahnabweichungen
maßgebend, welche über den Betrag der Umkehrspanne hinausgehen.

4.1. <u>Wahl der Testbahn</u>

Lineare Bahnverzerrungen treten, gleiche Eigenschaften der
einzelnen Lageregelkreise vorausgesetzt, nur bei Bahnrichtungsänderungen auf.

In <u>Bild 4/1</u> ist die Fräsermittelpunktbahn beim Umfahren einer
rechtwinkligen Ecke mit verschiedenen Bahngeschwindigkeiten v_B
experimentell an einer bahngesteuerten Fräsmaschine ermittelt
worden. Die Aufzeichnung erfolgte mit einem Speicheroszillo-
scop. Die Wegsignale wurden über induktive Wegaufnehmer gewonnen.

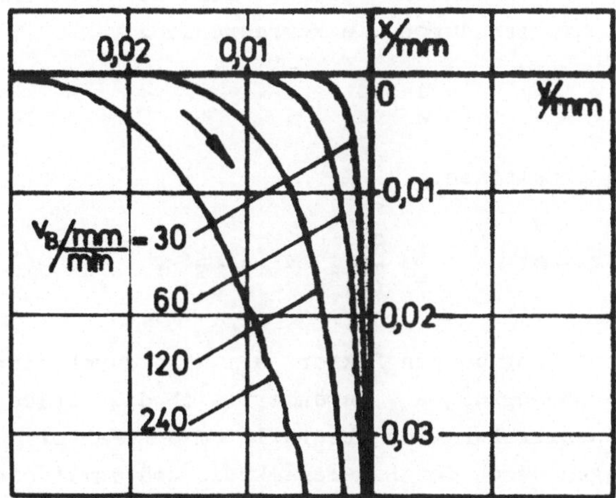

Bild 4/1   Fräsermittelpunktbahn beim Umfahren einer 90°-Ecke
           mit verschiedenen Bahngeschwindigkeiten

Die Bahnabweichungen erweisen sich proportional zur Bahngeschwindigkeit.

Für Bahnkurven, die sich aus geraden Teilstücken zusammensetzen, kann man zeigen, daß die Bahnabweichungen zur Bahngeschwindigkeit proportional sind. Die einzelnen Knickstellen der Bahn-

kurve müssen allerdings soweit auseinanderliegen, daß beim
Umfahren der Knickstelle die Einschwingvorgänge durch vor-
hergehende Bahnrichtungsänderungen bereits abgeklungen sind.
Zum Nachweis der Proportionalität werden die zu den Bewegungs-
vorgängen korrespondierenden Funktionen im Frequenzbereich
angeschrieben.

Bei Bahnkurven, die stückweise geradlinig sind, setzen sich
die Lageführungsgrößen aus Anstiegsfunktionen $x_{s\!\diagup}(t)$ zusammen. Die zugehörige Laplace-Transformierte ist:

$$x_{s\!\diagup}(t) = c_1\, t \quad \circ\!\!-\!\!\bullet \quad \frac{c_1}{p^2} \qquad +)$$

Wendet man hierauf den Ähnlichkeitssatz der Laplace-Transfor-
mation [21] an, welcher durch die Korrespondenz:

$$f(at) \quad \circ\!\!-\!\!\bullet \quad \frac{1}{a}\, F(\tfrac{p}{a})$$

gegeben ist, so erhält man:

$$x_{s\!\diagup}(at) \quad \circ\!\!-\!\!\bullet \quad \frac{1}{a}\, \frac{c_1}{(\tfrac{p}{a})^2} = a\, \frac{c_1}{p^2} \; .$$

Durch eine Zeitraffung um den Faktor a , also durch eine Ge-
schwindigkeitserhöhung um a , verändert sich die Laplace-Transformierte der Anstiegsfunktion ebenfalls um den Faktor a . Die
Signalverzerrungen durch den Lageregelkreis und damit die Bahnverzerrungen sind somit ebenfalls proportional zu a .

Für gekrümmte Bahnkurven enthält die Lagesollwertfunktion $x_s(t)$
Terme höheren Grades, z.B.:

$$x_s(t) = c_1 t + c_2 t^2 + c_3 t^3 + \ldots \quad \circ\!\!-\!\!\bullet \quad \frac{c_1}{p^2} + \frac{c_2}{p^3} + \frac{c_3}{p^4} + \ldots$$

Eine Zeitraffung führt zur Korrespondenz:

+) Das Zeichen (Korrespondenzzeichen) $\circ\!\!-\!\!\bullet$ zeigt den Übergang
vom Zeitbereich in den Frequenzbereich an (DIN 5487).

$$x_s(at) \quad \circ\!\!-\!\!\bullet \quad \frac{1}{a}\left[\frac{c_1}{\left(\frac{p}{a}\right)^2} + \frac{c_2}{\left(\frac{p}{a}\right)^3} + \frac{c_3}{\left(\frac{p}{a}\right)^4} + \ldots\right]$$

$$= a\,\frac{c_1}{p^2} + a^2\,\frac{c_2}{p^3} + a^3\,\frac{c_3}{p^4} + \ldots$$

Es werden also die Terme höheren Grades durch die Zeitraffung stärker gewichtet als diejenigen niederen Grades. Die Bahnabweichungen sind nicht mehr verhältnisgleich zur Bahngeschwindigkeit.

Da man mit numerischen Steuerungen linear, zirkular und parapolisch interpolieren kann, kommen als Testbahnen nur solche in Frage, die sich stückweise aus Geraden, Kreisbögen und Parabelbögen zusammensetzen.

Während die Form der Bahnverzerrungen bei Testbahnen, welche Kreis- und Parabelbögen enthalten, noch von der Bahngeschwindigkeit selbst abhängig ist, kann man bei einer Testbahn, die sich aus zwei Geradenstücken zusammensetzt, deren Koordinaten auf die Bahngeschwindigkeit beziehen (<u>Bild 4/2</u>) und so ent-

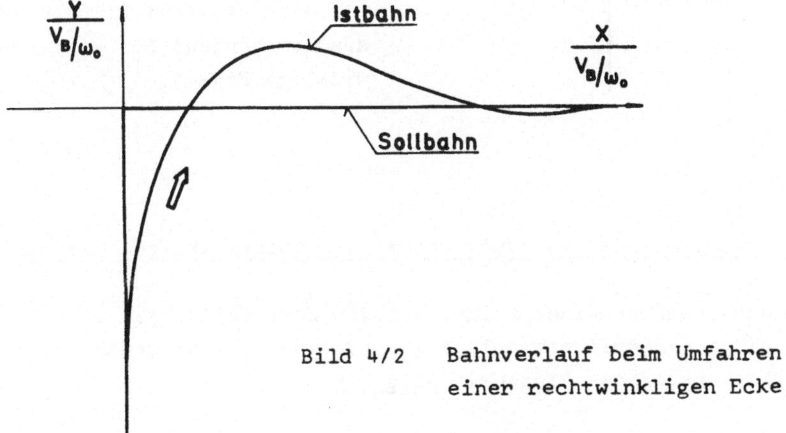

Bild 4/2   Bahnverlauf beim Umfahren
           einer rechtwinkligen Ecke

fällt dieser Parameter. Außerdem werden bei einem sprunghaf-
ten Richtungswechsel, wie beim Umfahren einer Ecke, die möglichen Bahnverzerrungen deutlicher sichtbar als bei stetiger
Richtungsänderung. Die Bahngeschwindigkeit wiederum kann auf
irgendeine Kennkreisfrequenz (z.B. ω_o) der Lageregelkreise
bezogen werden.

Es stellt sich nun noch die Frage nach dem Eckenwinkel der
Testbahn. Bei einer Testbahn mit einer rechtwinkligen Ecke
treten die Bahnverzerrungen am deutlichsten in Erscheinung.
Wenn der Bahnistverlauf (<u>Bild 4/3</u>) für das Umfahren einer
rechtwinkligen Ecke bekannt ist, dann kann - wie unten gezeigt wird - der Bahnistverlauf für beliebige Eckenwinkel
sehr einfach bestimmt werden.

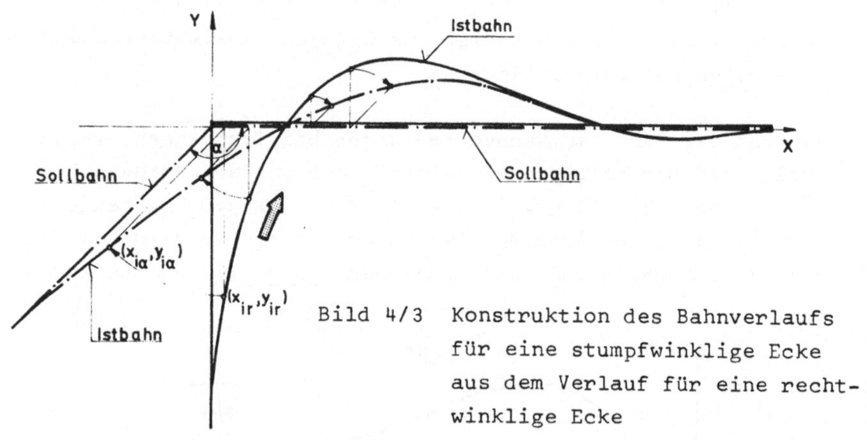

Bild 4/3   Konstruktion des Bahnverlaufs
           für eine stumpfwinklige Ecke
           aus dem Verlauf für eine recht-
           winklige Ecke

<u>Berechnung des Bahnverlaufs bei einer schiefwinkligen Testbahn</u>

Für das Umfahren einer rechtwinkligen Ecke (Bild 4/3) erhält
man einen Lagesollwertverlauf $x_{s,r}(t)$ und $y_{s,r}(t)$ gemäß der
stark ausgezogenen Linien in <u>Bild 4/4</u>.

Beim Umfahren einer Ecke mit dem Winkel α gelten für die Lagesollwerte $x_{s,\alpha}(t)$ und $y_{s,\alpha}(t)$ die gestrichelten Linien in Bild 4/4. Unter der Voraussetzung konstanter Bahngeschwindigkeit ergibt sich zwischen dem Lagesollwert bei einer rechtwinkligen Testbahn und einer Testbahn mit dem Winkel α die Beziehung

$$y_{s,\alpha} = y_{s,r}(t)\, \sin\alpha$$

$$x_{s,\alpha} = x_{s,r}(t) - y_{s,r}(t)\, \cos\alpha$$

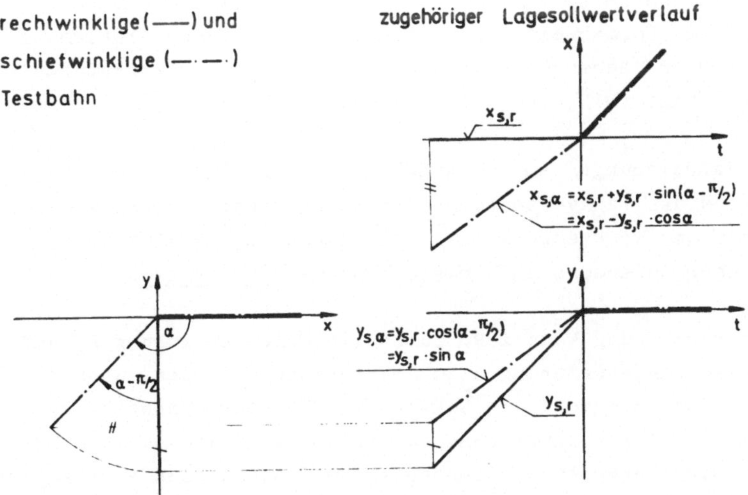

Bild 4/4   Lagesollwertverlauf bei rechtwinkliger und stumpfwinkliger Testbahn

Da für lineare Übertragungsglieder (hier: für die Lageregelkreise) das Superpositionsprinzip Gültigkeit hat, besteht für die Lageistwerte der gleiche Zusammenhang:

$$y_{i,\alpha} = y_{i,r}(t)\, \sin\alpha$$

$$x_{i,\alpha} = x_{i,r}(t) - y_{i,r}(t)\, \cos\alpha$$

Es gilt noch die Frage zu klären, welchen Einfluß die Lage
der Testbahn zu den natürlichen Achsen der Werkzeugmaschine
auf die Bahnverzerrungen besitzt. H.E. Vigour [3] hat gezeigt,
daß der Bahnistverlauf unabhängig ist von der Lage einer Bahn
zu den Achsen der Werkzeugmaschine. Man kann daher die Testbahn immer so legen, daß ein Schenkel mit einer Maschinenachse
zusammenfällt.

4.2. Die Bewertung linearer Bahnverzerrungen

Stimmt die Istbahn mit der Sollbahn nicht überein, so kann
dies am zu bearbeitenden Werkstück zu Gestaltsabweichungen[+] insbesondere, zu Formabweichungen, führen, Durch diese Abweichungen
wird die Oberflächengüte und die Formtoleranz des Werkstücks
beeinträchtigt (DIN 4760, 7182, 7184).

Die Formabweichungen am Werkstück sind meist nicht ein direk-
tes Abbild der Bahnverzerrungen, sondern hängen sowohl von der
Geometrie des Werkzeugs ab als auch davon, ob es sich um eine
Innen- oder Außenecke am Werkstück handelt (Bild 4/5).

Die Bahnverzerrung kann z.B. durch die Eckenabweichung A_e und
die Überschwingabweichung $A_ü$ charakterisiert werden. Während
sich bei der Innenecke die Ecken- und Überschwingabweichungen
voll als Linienformabweichung auswirken, sind die Abweichung-
gen bei einer Außenecke - abhängig vom Fräserradius - erheblich
geringer. Die Außenecke wird daher nicht mehr weiter in Be-
tracht gezogen.

Wählt man bei der Innenecke als Eckenabweichung den Abstand
von der Istbahn zur Ecke hin, wobei der Abstandsvektor normal
auf der Istbahn steht, dann entspricht diesem Abstand das maximale untere Abmaß im Innern der Ecke. Die Überschwingabweichung
führt zum maximalen oberen Abmaß des Werkstücks.

[+] Lineare Bahnverzerrungen und damit Gestaltsabweichungen können
beim Umfahren von Ecken auch ganz vermieden werden, wenn es erlaubt ist mit reduzierter Bahngeschwindigkeit den Eckpunkt an-
zufahren und dort kurzzeitig anzuhalten.

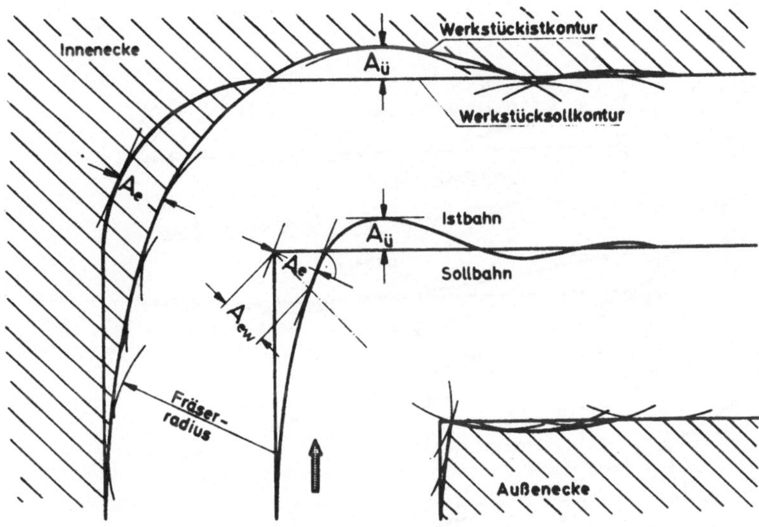

Bild 4/5 Formabweichungen am Werkstück beim Fräsen mit
einem Walzenfräser

Im Unterschied zu dieser Wahl der Abweichungen wird in [3]
die Eckenabweichung in Richtung der Winkelhalbierenden der
Sollbahn abgetragen (A_{ew}). Diese Abweichung tritt jedoch
nirgends in der Werkstückkontur als Formabweichung auf. Dies
wird besonders deutlich bei Testbahnen mit spitzen Ecken
(Bild 4/6).

Auf die Überschwingabweichung $A_ü$ lassen sich die Transforma-
tionsgleichungen von Abschnitt 4.1. unmittelbar anwenden und
man erhält für einen Eckenwinkel α :

$$A_{ü,\alpha} = A_{ü,r} \cdot \sin \alpha$$

Für die Eckenabweichung A_e läßt sich ein so einfacher Zusammenhang mit dem Eckenwinkel nicht angeben. Die Überschwingab-

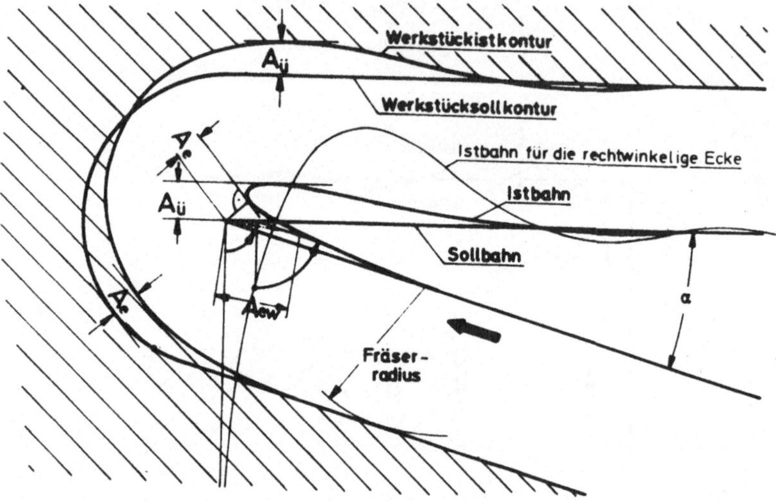

Bild 4/6   Ecken- und Überschwingabweichung bei
           spitzwinkliger Testbahn

weichung ist bei der rechtwinkligen Testbahn stets am größten,
während die Eckenabweichung bei spitzwinkligen Testbahnen sowohl größer als auch kleiner sein kann als bei der rechtwinkligen Testbahn.

Die Überschwingabweichung $A_{\ddot{u}}$, also das untere Abmaß und die
Eckenabweichung A_e, beziehungsweise das obere Abmaß, bestimmen die Linienformtoleranz des Werkstücks.

4.3. Die Ermittlung der Bahnverzerrungen

Die Ermittlung der Bahnverzerrungen erfolgte sowohl am Analogrechner als auch am Digitalrechner [26] . Um den Bahnverlauf
bei verschiedenen Geschwindigkeitsverstärkungen festzustellen

(<u>Bild 4/7</u>), reichte die Rechengenauigkeit des Analogrechners aus. Die Aufzeichnung der Bahnen erfolgte mit einem x/y-Schreiber.

Die Bestimmung der Eckenabweichung und Überschwinabweichung wurde mit einem Digitalrechenprogramm durchgeführt. Der Rechengang für die Berechnung der Istbahn ist im Prinzip der gleiche wie bei der Bestimmung der Antwortfunktion des Lageregelkreises auf eine Anstiegsfunktion als Testsignal in Abschnitt 3.4. Die maximalen Ecken- und Überschwingabweichungen wurden durch schrittweise Abtastung der Istbahn bestimmt.

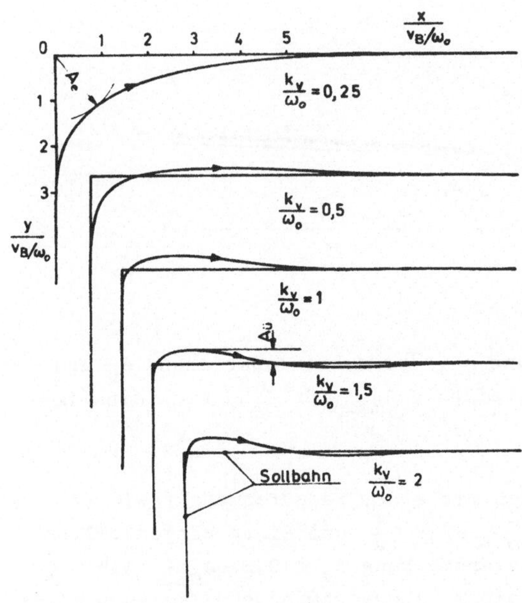

Bild 4/7   Bahnverlauf bei verschiedenen Geschwindigkeits-
          verstärkungen

4.4. <u>Die Bahnverzerrungen in Abhängigkeit der Lageregel-</u>
<u>kreisdimensionierung</u>

Für Lageregelkreise mit Vorschubantrieben, welche in ihrem dynamischen Verhalten einem Verzögerungsglied 1.Ordnung entsprechen (Bild 3/4) ergibt sich eine Ecken- und Überschwingabweichung gemäß <u>Bild 4/8</u>.

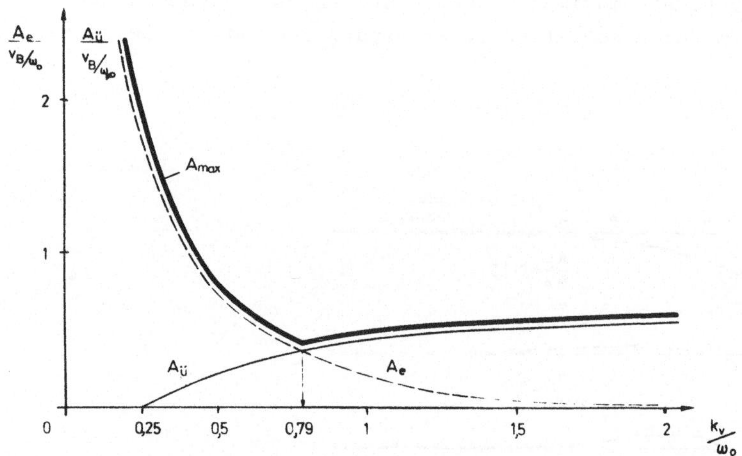

Bild 4/8   Eckenabweichung A_e, Überschwingabweichung $A_{\ddot{u}}$ und
und Maximalabweichung A_{max} für eine rechtwinklige
Testbahn

Beispiel: Bei einem Antrieb mit einer Kennfrequenz f_o=10 Hz
also $\omega_o = 2\pi f_o = 62,8\ \frac{1}{s}$ und einer eingestellten
Geschwindigkeitsverstärkung $k_v = 0,5 \cdot \omega_o = 31,4 \cdot \frac{1}{s}$
erhält man bei einer Bahngeschwindigkeit v_B=600mm/min
= 10mm/s eine Eckenabweichung von :

$$A_e \Big/ \frac{v_B}{\omega_O} = 0,8$$

also:

$$A_e = 0,8 \cdot \frac{1o\ mm}{s} \cdot \frac{1 \cdot s}{62,8}$$

$$= 0,128\ mm.$$

Die Maximalabweichung A_{max}, nämlich die größere der jeweiligen Abweichungen $A_e, A_ü$ bestimmt das Toleranzband für die Gestaltsabweichungen. Die Maximalabweichung ist für $k_v/\omega_O = 0,79$ am geringsten. Hier stimmen Ecken- und Überschwingabweichung überein.

Für Lageregelkreise mit Vorschubantrieben, welche in ihrem dynamischen Verhalten einem Schwingungsglied mit der Kennkreisfrequenz ω_O und dem Dämpfungsgrad D_O entsprechen (Bild 3/14), wurden Linien gleicher maximaler Bahnabweichungen A_{max} in Bild 4/9 aufgetragen. Die gestrichelten Linien zeigen die Dominanz der Eckenabweichung an, die ausgezogenen Linien beziehen sich auf die Überschwingabweichung.

Das Minimum für A_{max} liegt bei $k_v/\omega_O = 0,54$ und $D_O = 0,4$. Der Verlauf der maximalen Abweichung A_{max} ist im Minimum sowohl in k_v-Richtung als auch in D_O-Richtung sehr flach. Die Knickstellen in den Linien gleicher Werte A_{max} rühren einmal von dem Übergang von A_e zu $A_ü$ her. Zum anderen können die maximalen Überschwingungen sowohl beim ersten als auch beim zweiten Überschwingen auftreten. Durch diesen Wechsel entsteht ebenfalls ein Knick in den Linien.

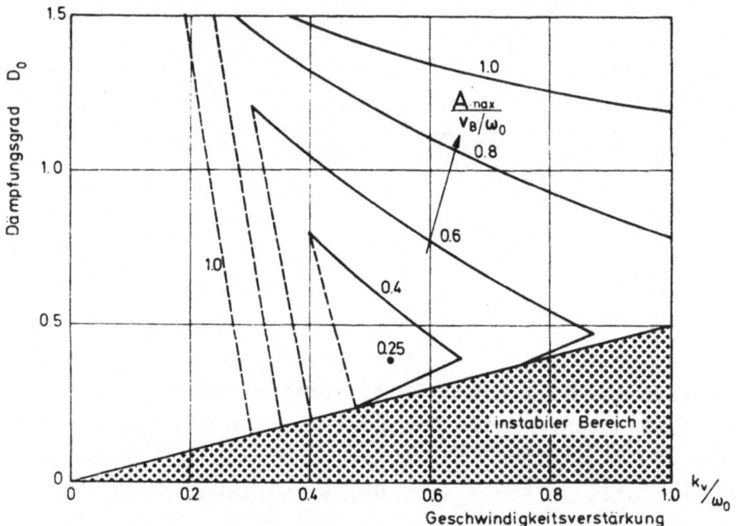

Bild 4/9   Linien gleicher maximaler Bahnabweichung A_{max}.

<u>Vergleich der Bahnbaweichungen mit der Lageregelkreisbewertung und Folgerungen</u>

Die Kennlinien für die Bahnabweichung A_{max} stimmen in ihrer Charakteristik mit denen der Vergleichsregelflächen aus Abschnitt 3. näherungsweise überein.

Bild 4/8 ist mit Bild 3/11 und Bild 3/12 zu vergleichen. Bei kleinen Geschwindigkeitsverstärkungen ($k_v/\omega_o < 0,5$) wächst die Bahnabweichung als auch die Vergleichsregelfläche stark an. Für große Geschwindigkeitsverstärkungen ($k_v/\omega_o > 0,9$) nehmen Bahnabweichung A_{max} als auch die Vergleichsregelflä-

chen ISEV, IAEV für sprungförmiges Testsignal sowie ISEV für
die Anstiegsfunktion nur langsam zu. Der Kurvenverlauf ist also sehr ähnlich. Die Minima der Kurven unterscheiden sich bis
zu 20 % in der Lage zum k_v- Wert. Die Vergleichsregelflächen
haben jedoch im Minimum jeweils einen sehr flachen Verlauf,
so daß die Ergebnisse bezüglich des optimalen k_v-Wertes als
weitgehend übereinstimmend bezeichnet werden dürfen.

Für Vorschubantriebe mit schwingendem Verhalten ist das Bild
4/9 mit den Bildern 3/18 und 3/19 zu vergleichen. Hier zeigt
sich ebenfalls Ähnlichkeit in der Formgestalt des Reliefs.
In beiden Fällen geht vom Minimum aus eine Einkerbung parallel
zum Stabilitätsrand als auch senkrecht dazu. Geht man z.B. von
den Minima in Richtung größerwerdender Dämpfungsgrade, so ver-
größern sich die Bahnabweichungen etwa im gleichen Verhältnis,
wie die I_{ISEV}-Werte bei der Lageregelkreisbewertung zunehmen.
Die Minima unterscheiden sich hinsichtlich ihrer Lage im D_o-
k_v- Koordinatensystem nicht sehr.

Wenngleich die Bahnabweichungen nur für eine bestimmte Testbahn ermittelt wurden, wird durch den ähnlichen Verlauf der
Bahnabweichungen in Abhängigkeit von den Lageregelkreisparametern einerseits und der Vergleichsregelflächen andererseits
die Anwendung des in Abschnitt 3. vorgestellten Optimierkri-
teriums ISEV für die Lageregelkreisoptimierung gerechtfertigt.

Die Lageregelkreisoptimierung gibt Auskunft darüber, wie die
Regelkreisparameter im Verhältnis zueinander stehen sollen. Es
konnten jedoch dort keine Angaben gemacht werden über die absoluten Werte der Kennkreisfrequenzen und der Geschwindigkeitsverstärkung. Durch die Untersuchungen der Bahnabweichungen,
vor allem durch die Diagramme von Bild 4/8 und Bild 4/9 wird
nun eine Beziehung zwischen der Abweichung (A_{max}), der Bahngeschwindigkeit (v_B) und den Lageregelkreisparametern (k_v, w_o,
D_o) hergestellt. Hiermit ist es nun möglich, bei gegebener Be-

arbeitungstechnologie die Frage nach den notwendigen Lageregelkreiseigenschaften zu beantworten oder umgekehrt bei gegebenen Lageregelkreisparametern Auskunft über die Maximal-
werte hinsichtlich Bearbeitungsgeschwindigkeit und Genauigkeit zu geben.

5. ZUSAMMENFASSUNG

Ausgehend von der Betrachtung der numerisch gesteuerten Werkzeugmaschine als ein informationsverarbeitendes System werden Aussagen über die notwendige und hinreichende Eingabedatenmenge sowie über die Anforderungen an die numerische Steuerung als auch die Lageregelkreise gemacht.

Ein für Lageregelkreise bei numerisch gesteuerten Werkzeugmaschinen speziell geeignetes Optimierkriterium wird formuliert und das Berechnungsverfahren angegeben. Für die in der Praxis häufig vorkommenden Lageregelkreisstrukturen werden die optimalen Parameter bestimmt. Da die Diagramme normiert sind, können die Ergebnisse sehr einfach auf die speziellen Anwendungsfälle übertragen werden. Die für einfache Regelstrecken (Antrieb als Verzögerungsglied 1. und 2.Ordnung) bekannten Erfahrungswerte werden durch die Optimierungsrechnung bestätigt. Durch die Untersuchung von Vorschubantrieben, bei welchen auch das schwingungsfähige Spindel-Schlitten-System miteinbezogen ist, kann die vielgefragte Auskunft über die geeigneten Frequenzverhältnisse der Übertragungsglieder gegeben werden.

Im letzten Abschnitt werden lineare Bahnverzerrungen behandelt. Als Testbahn wurde das Umfahren einer rechtwinkligen Ecke gewählt und hieran die charakteristischen Bahnabweichungen bestimmt. Der allgemeine Zusammenhang zwischen einer Bahn mit rechtem und beliebigem Winkel ist dargestellt. Sämtliche Diagramme sind wiederum vollständig normiert, so daß allgemeingültige Aussagen und ein Vergleich mit der Lageregelkreisoptimierung möglich sind.